나는
일하는
엄마다

나는 일하는 엄마다

ⓒ 유숙열 외, 2013

초판 1쇄 발행 2013년 7월 19일
초판 2쇄 발행 2013년 8월 13일

펴낸이 박종암
펴낸곳 도서출판 르네상스
출판등록 제313-2010-270호
주소 121-842 서울시 마포구 서교동 460-14번지 2층
전화 02-334-2751
팩스 02-338-2672
전자우편 rene411@naver.com

ISBN 978-89-90828-65-1 13590

이 도서의 국립중앙도서관 출판시도서목록(CIP)은 e-CIP 홈페이지(www.nl.go.kr/ecip)와
국가자료공동목록시스템(www.nl.go.kr/kolisnet)에서 이용하실 수 있습니다.
(CIP제어번호: CIP2013011029)

3050 직장맘 9명의 스펙터클 육아 보고서

나는
일하는
엄마다

김영란 · 강선아 · 전가일 · 황금희
이숙인 · 권혁란 · 유숙열 · 신혜원 · 한연엽

르네상스

큰 사과 하나? 작은 사과 둘! | 신혜원

작은 사과 둘을 가지면 돼
문 하나를 열면, 다른 문은 닫아라!
모두를 만족시킬 수는 없다
육아 경험은 문제 해결 능력을 키워준다
얘들아, 너희 일은 너희가 알아서!
방목했는데, 우리가 잘 자란 거지

마음으로 키운 아이 | 한연엽

잘못된 육아는 없다고 하니
불안감에서 출발한 육아 프로젝트
떨어져 있어도 우리는 마음에 보여
다시 내 품에 돌아온 아이
주변 사람들의 손을 빌려가며 아이를 키우다
엄마와 아빠 중 누구와 사는 것이 아이에게 더 좋을까
13년 만의 재회, 내 생애 가장 아름다운 날

엄마는
일하는 사람이다

김영란 • 북마케팅 대표

김영란

반짝반짝했던 스물다섯 살 〈페미니스트 저널 이프〉 마케터를 시작으로 당대, 서울문화사, 몬테소리 등의 출판사를 종횡무진 누비다가 마케팅 외주업체인 '북마케팅' 회사를 차렸다.

'이렇게 살 수도 없고 이렇게 죽을 수도 없다'는 삼십도 훌쩍 가고 '겨울 지나고 다시 가을, 날아만 가는 세월이 야속해 붙잡고 싶은' 내 나이 마흔 살이 됐다.

요즘 들어 '웬만하면 엄마 말은 듣지 말자' 결심한 것 같은 여섯 살 도윤이 때문에 속상해 있을 때 남편이 보낸 음원 파일.

'짜증을 내어서 무엇 하나 성화를 받치어 무엇 하나 속상한 일이 하도 많으니 놀기도 하면서 살아가세 니나노 닐리리야 닐리리야 니나노～～'

뭐든 계획대로 될 줄 알았다

그랬다.

모든 건 계획적이었다.

소개팅에서 만난 그 친구가 맘에 들어 그로부터 일주일간 매일 퇴근 시간에 맞춰 전화를 해댔다. 저녁 약속 없으면 우리 집에 와서 같이 먹자고. 3첩 반상에 보글보글 된장찌개 그리고 소주 한 병을 준비했다. 그가 오는 시간에 맞춰 앞치마 착용은 필수. 물론 밑반찬과 된장찌개 등은 대형 마트에서 공수해 온 즉석식품이었다. (그러니까 반찬을 사면서 밥통에서 숟가락까지 거의 그때 구입했다.)

그가 '다소곳한' 밥상과 눈부시게 흰 행주 그리고 조신한 앞치마에 빠져들 때쯤 슬슬 나의 본색을 드러냈다. 나는 올해가 쌍춘년이라 예식장 날짜 잡기가 힘들다며 결혼식장부터 예약해두는 기지를 발휘했다. 예식장에 함께 들어가기까지 딱 4개월이 걸렸다.

나이가 있으니 그만 놀고 이제 아이를 가져야겠다고 생각, 계획 임신을 했다.

남편은 일주일이나 술을 멀리하고 나 또한 유흥생활을 잠시 접고 퇴근하면 쪼르르 집으로 달려갔다. 그렇게 계획한 지 한 달 만에 임신을 했다. 출산 얘기는 생략하겠다. 막판에 간호사님께 욕지거리를 했다는데, 나는 기억이 나지 않는 것으로 하자. 다들 애 낳을 때 욕 좀 하고 그러지 않나?

무엇이든 이렇게 계획대로 될 줄 알았다.

아기가 태어나면 6개월엔 이유식 먹이고 20개월부터 배변 훈련으로 기저귀 떼고 30개월부터는 따로 재워서 독립적인 아이로 키우고⋯⋯.

근데 낳고 보니 이런 건 계획 축에도 못 낀다.

중요한 건 그 아기를 '누가' 봐주느냐는 것이었다.

아기가 생겼다고 남편이 퇴사 여부를 고민하지 않은 것처럼 나 또한 출산으로 일을 그만둘지 말지는 생각해본 적도 없다. 당연히 일은 계속하는 것이었다.

2주 후 산후조리원에서 나와 집으로 돌아오니 정말 막막했다.

"나는 힘들어서 아이 못 봐준다. 니들이 알아서 해라."

결혼과 동시에 이렇게 선언하신 친정 엄마가 아이를 봐주기로 했다. 같은 서울이지만 친정집과 우리 집의 거리가 끝에서 끝이라 주중에는 엄마가 우리 집에 계시기로 했다. 월급은 입주하는 도우미에게 드리는 금액과 동일한 액수로 합의!

그렇게 친정 엄마와의 동거가 시작됐다.

새벽잠을 위해서라면 영혼이라도 팔고 싶었다

백 일가량 쉬고 출근하려고 했으나 출판사에서 신간이 한꺼번에 출간되는 바람에 한 달 정도 쉬고 바로 일을 해야 했다. 출근 직전에 모유 수유를 하고 점심때 후다닥 집에 와서 수유하고 오후 외근할 때 잠깐 들러 수유하고, 그렇게 왔다 갔다 하며 수유를 했다. 이유식 시기가 되면서 모유를 끊고 싶었지만 그게 잘 안 됐다. 밤중에 아이가 자다 깨면 모유처럼 편한 게 없었다. 일어날 필요 없이 우는 아이 입에 그냥 물리면 끝. 그렇게 계속된 밤중 수유는 꼬박만 2년이 되어서야 끊을 수 있었다.

"아직도 모유 먹여요? 영양분도 거의 없고 치아에 안 좋은데."

다들 한마디씩 거들었다. 나도 안다. 그런데 새벽에 아이가 깨면 어쩌라고? 다음날 출근해야 하는데…. 그렇다고 하루 종일 아이 보느라 고생한 친정 엄마한테 맡길 수도 없었다. 한번은 남편에게 맡겼더니 잠 깨겠다고 베란다 나가서 애 안은 채로 담배를 피워 물고 있다가 화장실 가던 장모님에게 발각되어 그 새벽에 난리가 났었다. (우리 엄마, 아직도 녀석이 기침을 하면 그때 담배 연기 때문에 아이 기관지가 안 좋다며… 아이고~ 할머니!!! 이제 그만~^^)

그런데 이것도 혹시 남편의 잔머리가 아닌가 싶었다. 설거지 시키면 지저분하게 해서 다시는 시키지 못하게 선수를 치는 뻔한 수법 같은 거 말이다!!! 남편의 모든 행동은 항상 의심해야 한다. 아무리 그래도 너무 한다 싶은가? 아니다. 우린 그 시절 잠이 너무너무 소중했고, 새벽잠을 위해서라면 영혼도 팔 수 있었다.

아이는 등 뒤에 무슨 센서라도 달려 있는 듯이 바닥에 등이 닿는 순간 빽빽 울어댔다. 무조건 업거나 안고 있어야 했다. 심지어 밤낮이 바뀌어서 새벽에는 어찌나 말똥말똥한지…. 결국 엄마와 나와 남편 셋이 보초 서듯 순번을 정해서 아이를 돌보기로 했다.

밤중 수유가 아이 치아에 좋지 않은 건 사실이다. 모유든 분유든 먹고 나면 물수건이나 전용 티슈로 유치 나기 전부터 닦아줘야 한다. 그런데 그게 될 리가 없었다. 안 그래도 일어나기 싫어서 젖꼭지 입에 물리고 같이 자는 상황이었으니.

나중에 30개월도 안 된 아이가 수면마취 상태에서 치과 치료를 받는데, 그땐 아이에게 미안했다. 근데 어쩌겠니? 그때 엄마는 잠이 더 중요했단다, 아가야.

하루 종일 말 못하는 아이와 갇혀 있어야 하는 친정 엄마가 얼마나 심심하실까 싶어서 백일 이후부터는 외근 다닐 때 자주 엄마와 아이를 차에 태우고 다녔다.

내가 하는 일은 출판 마케팅이다. 신간이 나오면 서점 담당자를 만나 주문 수량을 결정하고 마케팅 이벤트를 논의하는 일을 한다.

당시에 나는 하루에 거래처 3~5군데를 다녔다. 친정 엄마랑 아기는 주차장에 있고 나는 일을 보고 내려오는 식으로 우리 세 식구는 가끔 함께 움직였다. 친한 거래처를 방문할 때는 아이를 안고 들어가기도 했다. 그러면 뜻하지 않게 거래처에서 주문 부수를 많이 받곤 했다. 이것이 바로 베이비 마케팅이군! ㅋㅋㅋ 웃자고 한 소리다.^^

그러던 어느 날 아빠가 나를 부르셨다. 엄마랑 더 이상 주말부부는 못하시겠다며 엄마를 이제 그만 돌려달라신다. 손수 밥해 드시는 게 힘드셨던 모양이다. 이해한다. 힘들기도 하고 외롭기도 하셨을 게다. 아! 나는 어쩌자고 애를 낳아 나이 든 부모에게 폐를 끼치는 걸까.

또 급해졌다. 어린이집!!! 어린이집!!!

그날부터 인터넷에 매달렸다. 육아 커뮤니티를 쓰도 없이 들락거렸다.

'님들은 몇 개월부터 아이를 보육시설에 맡기셨나요? 괜찮을까요? 어디가 좋을까요?'

미친년마냥 질문을 퍼붓고 수시로 댓글을 확인했다. 주말마다 남편과 동네 주변 어린이집 탐방을 다녔다. 이 어린이집 원장님의 교육 이념은 무엇인지, 우리 아이를 맡을 선생님은 어떤 분인지, 학부모에게 주방은 공개하는지, 냉장고의 위생 상태는 좋은지 눈으로 확인하고 꼼꼼하게 골라야지, 다짐 불끈!!!

이것도 면접인데 준비 좀 해야지. 깐깐해 보이지 않게 그렇다고 호락호락하게 보이지도 않게. 예의 있고 겸손하지만 결코 궁상맞게 보이면 안 되지… 질문이 과하거나 상대가 기분 나쁘지 않게 이 질문은 이 타이밍에 이러한 톤으로 아빠가 묻고, 요 질문은 무심한 듯 지나가듯 엄마가 묻는 걸로…. 짧은 시간에 좋은 인상을 주려면 의상도 중요하거늘 아무 생각 없이 추리닝에 삼선슬리퍼를 신고 나서는 남편에게 불벼락을 내리고 동네 어린이집으로 향했다. 체크리스트를 옆구리에 끼고 보무도 당당히 출발!

하지만, 우리가 할 수 있는 질문은 "여긴 자리 있나요?" 가 전부였다.

나는 독한 여자인가

16개월, 말도 제대로 못하는 녀석을 그 이름도 찬란한 '벽산어린이집'에 등록시켰다.

처음 한 달간은 적응 기간이라 오후 2시에 집으로 왔다. 아이를 바래다주고 마중 나가는 건 친정 엄마 몫이었다. 나중에 알았지만 그때 엄마가 많이 갈등하셨다고 한다. 이 어린것을 벌써 '남의 손'에 맡기자니 마음이 안 놓이고 그렇다고 당신이 맡아 키우자니 남편과의 생이별을 계속해야 하고…. 그런데 애 엄마라고 하는 딸년은 고민도 하지 않는 것 같고….

한동안 아이 보내고 만날 우셨다고 한다. (아! 엄마!!!)

그렇게 한 달간 예행연습 끝. 엄마는 집으로 가시고 내가 출근하면서 어린이집에 맡기고 퇴근하면서 데리고 왔다.

그렇게 여름이 가고 제법 찬바람이 불던 11월. 어린이집 선생님한테 전화가 왔다. 아이가 열이 있다고. 급히 퇴근해서 소아과에 데리고 갔더니 기침 소리가 심상치 않다며 대학병원에 가보라고 했다.

2009년. 뉴스에서 날마다 신종플루로 인한 사망자 수를 발표하던 그때! 병원마다 의심 환자들이 격리되어 줄서서 검진 받던 그때!

아이는 신종플루 확정 판정을 받았다. 신촌에 있는 대학병원이었는데 응급실이라고 마련된 장소가 지하 주차장이었다. 한쪽 데스크에서는 의사 5~6명이 나란히 검진을 하고 그 옆으로는 침대 수십 개가 놓인, 말 그대로 급하게 만든 '응급실'이었다. 파티션 옆으로 차가 붕붕 지나가는 지하 주차장에 응급실이라니! 자동차 소리와 매연. 참으로 심난했다. 침대마다 아이 어른 할 것 없이 링거를 맞으며 누워 있고, 모든 사람이 마스크를 쓰고 있어 마치 전시 상황 같았다. 그렇게 일주일간 입원을 하고 무사히 퇴원했다.

퇴원을 하고 나서 어느 날 남편이 그런다. 사실 병원에서 남몰래 울었다고, 아이가 잘못될까 봐 덜컥 겁이 났다고, 앞으로 자기가 더 열심히 잘 하겠다고….

귀엽군! 내 남편, 이렇게 여린 사람이었어? 그래, 우리 세 식구 알콩달콩 잘살면 되는 거야. 뽀뽀 쪽~~

다음해 1월부터 5월까지 아이가 폐렴과 감기로 2개월 단위로 입원과 퇴원을 반복했다. 엊그제 '뽀뽀 쪽' 한 남편과 대판 싸움이 벌어졌다.

'지금 중요한 건 아이 돌보는 일이다. 일을 그만둬라. 집에서 육아에 전념해라'가 남편의 요지였다. 급기야 '네가 벌면 얼마나 번다고'라는 말이 나왔고, 나 또한 지지 않고 '내가 더 번다. 너나 회사 그만두고 아기 봐라' 하며 소리를 질렀다. 싸움이라는 게 그렇게 유치한 것이다. 심지어는 '네가 잠을 더 많이 잤다' '아니다. 내가 더 조금 잤다'로 싸우는데, 이건 뭐 답이 없었다. 병원에서 회사로 출퇴근하는 것도 힘든 판에 얼굴만 보면 서로 싸우느라 더 힘이 들었다. 시어머니의 퇴사 종용보다 친정 엄마의 '이제 일 그만하면 어떻겠냐'는 소리가 더 서운해서 펑펑 울었다. 물론 딸이 안쓰러워서 하신 말씀이겠지만….

그때 남편에게 아기가 그렇게 아픈데 회사 그만두고 아기 보는 게 어떻겠냐고 말하는 사람은 아무도 없었다. 남편과 똑같이 일을 계속한 나는 뜻하지 않게 '독한 여자'가 돼 버린 것이다.

아이가 아프거나 일이 생기면 항상 엄마인 나에게 전화하는 선생님께 "제가 회의가 많아 전화를 제때 못 받을 수도 있으니 아빠에게 전화하시라"고 말했더니 선생님이 좀 당황해하셨다. 아니, 이건 또 무슨 시추에이션이란 말인가! 애 엄마나 애 아빠나 회사에서 사적인 전화 받을 때 눈치 받는 건 똑같은데 말이다.

선생님 왈 "도윤이 아버님은 가정적이고 참 좋은 아빠"란다. 나는 회사를 그만두지 않아서 '독한 여자'가 됐는데, 퇴근하고 애 데리러 가거나 꼴랑 전화 받아 주는 정도로 남편은 '좋은 아빠'가 됐다.

아이가 입원할 때마다 받았던 '신체적' '정신적' 스트레스는 다행히 병원을 바꾸면서 해결됐다. 문병 왔던 친구가 동네 엄마들에게 정보를 수집하여 '호흡기 질환'의 전문가인 K 병원 S 교수님을 알려줬다. 이런 건 '네이놈'에도 안 나오는 정보다. 고맙다, 친구야! (여기서 병원 이름과 교수님 성함을 밝히고 싶지만 안타깝게도 지난달에 미국으로 연수를 가셨다.)

이제 나을 때가 되어서 저절로 좋아진 것인지 의사선생님의 훌륭한 진료 덕분인지 모르겠지만 다행히 병원 옮기고 지금껏 한번도 입원을 안 했다. 물론 소아천식이라 아직도 환절기 때마다 한번씩 정기검진은 다니고 있지만 말이다.

아이의 건강은 안정을 찾아갔으나 나의 퇴근 시간은 안정적이지 못했다.

가끔 저녁 약속이나 야근이 있어서 아이를 늦게 데리러 가게 되면 죄인이라도 된 듯 선생님께 죄송하고 미안했다. 남편 또한 그랬으리라. 우리가 늦으면 아이는 선생님과 어린이집에 둘이 있어야 했으니까.

어느 날 남편이 결심이라도 한 듯 "장모님 댁 근처로 이사 가자"고 말했다.

엄마네 옆으로 이사 간다니, 나는 신이 났다. 하지만 '아싸~ 좋아라' 하면 남편이 '아니면 우리 누나네 옆으로 갈까?' 하며 고민할까 봐 표정 관리에 들어갔다.

"뭐야! 또 우리 엄마 고생시키려고? 요즘 엄마 다리도 많이 아프신데…." 하며 다음날 출근과 동시에 부동산에 집을 내놓았다.

이사 간다는 생각과 동시에 귓가에서 시원한 캔 맥주 터지는 소리가 폭죽처럼 울렸다. 사실 2년간 모유 수유하느라 그간 나의 저녁생활은 건전해도 너~~무 건전했다. 엄마 아빠도 손자가 이 녀석 하나뿐이라 보고 싶으셨는지 우리가 옆집으로 이사 간다니 좋아하셨다.

아빠! 엄마가 노는 사람이야?

엄마는 일하는 딸을 위해서 매일 저녁상을 차려주셨다. 당신 집에 가서 또 남편과 아들(마이 브라더) 밥상을 차려야 하는 엄마의 수고를 덜어드리려고 앞으로 저녁은 아빠와 오빠도 함께 우리 집에서 먹자고 했다. 난 참 기특한 딸이다.

이사 오기 전엔 썰렁했던 집이 저녁마다 와글와글 복닥복닥, 대가족이 사는 집이 되었다. 참으로 화목한 가정이 아닌가!!!

그런데 야근 한번 안 하던 남편이 점점 늦게 들어오기 시작했다. 그동안 퇴근하면 곧바로 아이를 데리러 가야 했으니 남편도 많이 힘들었겠지 싶어서 그냥 넘어갔다. 그런데 그 횟수가 점점 잦아졌다.

햇볕 좋은 일요일 아침, 아이를 외할머니께 보내고 나서 작정하고 남편에게 시비를 걸었다.

"당신 요즘 음식물 쓰레기 잘 안 버리더라."

(참고로 우리 부부는 신혼 초부터 가사 분담을 확실히 하고 있다. 일주일에 한 번 장보기는 같이 하고, 청소와 분리수거는 남편 몫이다. 밥, 설거지, 빨래해서 널고 개고 서랍장에 정리하는 일은 전부 내가 한다.)

"장모님 오시잖아."

"뭐? 우리 엄마가 우리 집에 청소하러 오는 분이야? 너 지금 말 다했어!"

그렇게 싸우기 시작해서 멱살까지 잡고 싸웠다. 그야말로 다 때려 부수고 싸운 날이다.

(날짜가 6월 6일이다. 잊지 말자 육육데이로, 우리 집 현관 디지털 자물쇠 비밀번호다. 0606. 이제 바꿔야겠군.)

아니, 내가 이 정도밖에 안 되는 놈이랑 산 건가 싶어 서럽고 화가 났다. 그 길로 뛰쳐나가서 술을 퍼마시고 선배에게 징징대며 하소연을 했다. 그때 선배가 이렇게 말했다.

"네가 입장 바꿔 생각해봐."

김건모의 핑계도 아니고, 이렇게 진부한 조언은 80년대 이후로 금지된 거 아닌가? 이 선배는 오늘로 끝이다. 그런데 생각해보니 선배 말이 맞았다.

내가 육아 도움 좀 받고자 시가 옆으로 이사를 갔는데 퇴근하고 집에 들어가면 항상 시가 식구들이 우리 집에 우르르 앉아서 같이 저녁을 먹는다. 그러고는 기분 좋다고 내친김에 드라마 한 편 시청하고 가신다.

앗! 그때야 감이 왔다. 이건 남편의 이유 있는 반항이었다.

그 후론 엄마 아빠 우리 집에서 저녁 드시는 거 딱 금지했다. 그리고 친정에 가서 저녁을 먹을 수 있으나 남편에게 같이 가자고 강요는 안 한다. 친정 엄마가 서운하셨겠다고? 개뿔이다. 하나도 안 서운해 하신다. 오히려 그간 사위 밥상 차리느라 힘드셨다며, 이제 자유란다.

요즘 난 엄마 아빠와 매일 새벽 5시에 아파트 주차장에서 만난다. 부모님 건강을 챙겨야겠다는 생각이 들어서 내가 다니는 요가반에 부모님과 함께 다닌다. 칠순이 훌쩍 넘은 나이에 요상한 운동을 하려니 쑥스러워서 못한다고 손사래를 치시더니, 어느새 시작한 지 1년이 지났다. 처음엔 엄마의 요가복이 몸뻬바지더니만 어느새 내 요가복보다 더 민망하게 달라붙는 전문가용 요가복을 입고 나타나신다. 어떤 날은 아빠랑 커플룩도 입고 나오신다.

부모님 모시고 병원에 다니는 것이 아니라 함께 운동을 다닐 수 있다는 게 고맙고 감사할 따름이다.

다시 '육육데이'로 돌아가서, 그때 싸우면서 남편이 한 말.

"나도 우리 엄마 보고 싶다고!" 유치도 찬란하여라. 하기야 왜 안 보고 싶겠는가? 내가 우리 엄마 좋아하듯 남편은 시어머니가 좋을 것이다.

요즘 남편은 주말마다 아이 데리고 시댁(홍성)에 내려간다. 매주 '아빠 어디 가'를 찍는 격이다. 아이한테 뭐가 그렇게 좋으냐고 물어보니 이 안 닦고 자서 너무 좋고 아침에 눈 뜨자마자 과자 먹어도 돼서 정말 좋다고 한다.

나는 한 달에 한 번씩 같이 간다. 아시다시피 난 일하는 여자라 주말엔 쉬어야 한다.

가끔 남편이 "보일러 좀 제대로 꺼", "제발 책상 좀 치워라" 이러면서 잔소리를 할 때면 여섯 살 난 꼬맹이가 대신 대답해준다.

"아빠! 엄마가 노는 사람이야? 아빠가 좀 해!"

그래, 엄마는 일하는 사람이다!

지금도 그렇고 앞으로도 그럴 것이다.

가지 마요,
이모

양선아 • 한겨레신문 기자

양선아

열정적이고 긍정적으로 사는 것이 생활의 신조. 강철 같은 몸과 마음으로 짧다면 짧고 길다면 긴 인생길을 춤추듯 즐겁게 걷고 싶다.

2001년 한겨레신문에 입사해 사회부·경제부·편집부 기자를 거쳐 스페셜콘텐츠팀에서 건강과 육아 관련 기사를 쓰고 있다. 《한겨레》 육아웹진 '베이비트리'(babytree.hani.co.kr)를 담당하고 있고, 어린이 대상 심리치유서 《자존감은 나의 힘》을 펴냈다.

6살이 된 딸과 세 돌이 되어가는 아들을 키우며 좌충우돌하고 있지만, 더 행복해졌고 더 많은 것을 배웠다. 아이들을 키우며 어린 시절 내면의 상처가 치유됨을 느끼고 있으며, 아이들과 함께하는 하루하루가 감사하다. 두 아이가 살 세상이 조금 더 나아질 수 있도록 '나의 변화'에 집중하는 것이 중요하다고 생각한다. 먼 미래의 행복을 위해 현재를 희생하지 않고 아이들과 '지금 함께 행복'하려고 노력 중이다.

경력 단절에 대한 두려움

저는 두 아이를 키우고 있는 직장맘입니다. 바쁘기로는 어느 직업에 뒤지지 않는 기자입니다. 첫아이를 낳은 것은 2008년 4월, 입사 7년 차였고 경제부에 근무할 때였습니다. 그즈음 전 세계 금융시장은 미국의 서브프라임 모기지 사태로 출렁이고 있었고, 저는 증권팀 기자로서 많은 기사를 써야 했습니다. 그래서 출산 휴가에 들어가면서도 회사 동료들에게 많이 미안했습니다. 한 사람이라도 아쉬운 상황에서 한창 현장을 뛸 기자가 빠지면 다른 사람이 그 부담을 안고 가야 하기 때문이죠. 욕심도 많고 경제부 기자로서 전문성을 쌓겠다는 포부를 가지고 있던 터라 경력이 단절될 수 있다는 두려움도 있었습니다. 그래서 출산 휴가만 쓰고 직장에 빨리 복귀할까 하는 고민도 잠시 했습니다.

그러나 그때 많은 선배들이 제게 "아이 어릴 때만은 꼭 함께 있어 쥐라. 생후 1년 동안 엄마가 아이 옆에서 있어 주는 것은 그 무엇과도 바꿀 수 없다. 네가 없어도 회사는 굴러간다. 그러나 아이의 생후 1년은 다시 돌아오지 않는다. 모유 수유를 하면서 반드시 1년 육아 휴직을 해라.”는 조언을 해주셨지요.

그 얘기를 들으면서 정신이 번쩍 들더군요. 그리고 1년 육아 휴직이 사문화된 조직이 아니라 육아 휴직기간이 보장되는 〈한겨레〉라는 조직에서 일한다는 사실, 삶에서 중요한 것을 놓치지 않도록 조언해주는 선배들이 제 곁에 존재한다는 사실이 얼마나 고마웠는지 모릅니다.

남편복보다 더 중요한 도우미복

저는 어린 시절 부모님과 함께 살지 않아 외롭고 힘든 적도 많았습니다. 제가 3살 때 이혼하신 친정 어머니는 저를 혼자 키우셔야 했고, 돈벌이를 위해 저를 이모에게 맡기고 전국 곳곳을 떠돌아 다니셨습니다. 불임으로 인해 자식이 없었던 이모는 저를 정성을 다해 키워주셨지만, 제 마음 한구석에는 항상 ‘엄마와 함께 살고 싶다’는 마음이 있었지요. 그래서 어렸을 때부터 ‘나중에 내 자식만은 내 손으로 키우겠다’고 다짐하고는 했지요. 그런데 그런 다짐은 홀라당 까먹어버리고 잠시지만 내 경력과 이익을 위해 아이를 책임지는 일을 소홀히 하겠다고 생각했던 것입니다.

저는 시가와 친정 모두 먼 지방에 있고, 부부의 퇴근 시간도 일정치 않습니다. 그래서 육아 휴직이 끝나기 전 아이를 어떻게 키울지에 대해 고민이 많았습니다. 시부모님께서는 아이를 시가에 맡기고 주말에 들러 만나는 것도 고려해보라고 말씀하셨습니다. 친정어머니는 여전히 일을 하고 계시기 때문에 서울로 올라와 아이를 봐줄 수 있는 형편이 아니었지요. 여러 상황을 고려해본 뒤 아이와 멀리 떨어져 지내는 것은 좋지 않다는 결론을 내렸습니다. 차라리입주 도우미('이모'라는 호칭으로 주로 부릅니다)를 고용하더라도 내 손으로 키우자고 결심했지요.

입주 도우미를 고용하기 전에도 두려움이 컸습니다. 한국인 도우미는 너무 비싼 데다 구하기도 어려웠습니다. 제가 살던 아파트 단지에 도우미를 구하는 전단지를 붙여봤지만 구해지지 않더군요. 먼저 아이를 낳아 키워본 선배들에게 묻고 인터넷을 뒤져보니, 한국으로 돈을 벌러 온 중국동포(조선족)가 입주 도우미를 많이 하더군요. 국내 체류 외국인 약 130만 명 중 중국동포는 50만 명가량으로 우리 인구의 1%가 넘는다지요.

그런데 문제는 중국동포 도우미에 대한 악성 소문이 너무 많다는 것이었습니다. 몰래 녹음 장치를 해봤더니 도우미가 아이를 때리고 욕을 했다, 도우미가 집 안의 물건이나 돈을 훔쳐갔다, 아이가 중국동포 어투로 말을 해서 왕따를 당한다 등등 별의별 얘기가 떠돌고 있더군요. 그럼에도 불구하고 제게는 선택권이 없었지요.

여러 명을 면접해서 중국동포 입주 도우미를 구해 그분들과 본격적으로 함께 생활했습니다. 저는 두 아이를 키우면서 지난 5년 동안 7명의 중국동포 도우미를 만났고, 그들과의 만남과 이별 속에서 많은 것을 느끼고 경험했습니다.

막상 경험을 해보니 중국동포 입주 도우미와의 생활은 소문으로 듣던 것만큼 나쁘지만은 않았습니다. 나와 마음이 잘 맞고 믿을 만한 도우미를 만나면 그것만큼 환상적인 인생도 없더군요. 그런 말도 있잖아요. 직장맘에게 최대의 복은 '남편복'도 아니고 '시가복'도 아니고 '도우미복'이라는 말이요.

좋은 도우미는 직장맘에게 친정 엄마 이상의 든든한 우군입니다. 회사 출근하기도 바쁜데, 아직 제 몸을 건사하지 못하는 아이는 엄마의 보살핌을 많이 필요로 합니다. 집안일은 끝이 없고 티도 잘 안 나지요. 이런 상황에서 좋은 도우미를 만나 가사·육아의 고통을 분담하면 직장맘의 행복지수는 쭉 올라갑니다. 일과 가정 사이에서 방황하지 않아도 되고, 혼자서 아등바등하지 않아도 되지요. 저는 몇 번의 시행착오를 통해 좋은 도우미를 만났고, 그분들과 정도 쌓고 좋은 추억도 많이 만들었습니다. 몇몇 분과는 헤어지고 나서 지금까지도 서로 연락을 하면서 안부를 묻고 만나기도 합니다.

얼마 전 둘째 아이를 2년 가까이 돌봐주신 도우미께서 제게 이별을 통보했습니다. 저희 가족에겐 '또 하나의 가족'이었던 분과 헤어지는 일이 쉽지 않았습니다.

저는 중국동포 도우미들을 만나 듣고 느낀 것에 대해 여러분과 나누고자 합니다. 돌봄 서비스를 제공하는 그들이 제게 말해준 '무개념 한국인'과 그들이 말하는 '도우미로서 살아가는 고충'에 대해서도 전하고자 합니다. 또 입주 도우미와 함께 살아가야 하는 직장맘이 겪는 다양한 감정의 스펙트럼도 얘기해보려 합니다.

육아 도우미와의 만남과 이별 속에서 가족을 만들고 해체하고 또 가족을 재건하는 생생한 '21세기 다문화 신가족 체험기' 한번 들어보실래요?

중국동포 도우미에 관한 괴담

"저는 세끼 제대로 먹게 해주면 돼요. 더 바라지도 않아요."

쉰을 갓 넘긴 아주머니는 북한식 어투로 내게 공손하게 말했다. 소처럼 커다랗고 순한 눈망울을 가졌고, 외모로 보서는 점잖은 중년 한국인 아주머니 같았다. 육아휴직 중이던 2011년 6월, 집 근처 카페에서 방 아무개 이모(편의상 '이모'라는 호칭으로 쓰겠다)를 면접했다. 남편과 사별을 했고, 딸 둘을 혼자 힘으로 키웠다고 했다. 딸들은 중국에 있고, 본인은 교회에서 생활하고 있었다. 토요일 근무도 가능했고, 세끼 제때 먹게만 해주면 무슨 일이든 잘할 수 있다고 했다. 주 5일제인지, 공휴일은 쉬는지, 월급은 얼마인지, 엄마 아빠가 식사는 집에서 하는지, 엄마 아빠 출퇴근 시간은 몇 시인지, 아이는 어린이집에 보내는지 등등 꼬치꼬치 조건을 따지는 요즘 이모들과 많이 달랐다. 이전 집에서 마음고생 몸 고생이 너무 심했던 모양이다.

사정을 들어보니 나도 화가 났다. 이모가 일한 이전 집에서는 쌍둥이 신생아를 돌봐야 했고, 엄마가 집에 있었다고 한다. 쌍둥이를 돌보는 일이 쉽지 않은 데다 이 집의 엄마는 집안일을 지속적으로 시켰다고 한다. 그것도 끼니를 건너뛰면서.

"자기는 아침에 몸에 좋은 주스 먹고 선식 같은 것도 먹어요. 남편도 주스 갈아서 먹여 보내고요. 자기들은 먹을 것 다 챙겨 먹어요. 그러고는 아침 생각 없다고 하면서 저한테는 일을 시켜요. 아침도 쫄쫄 굶어가면서 일을 하다 오전 11시가 되면 너무 배가 고파 '아침 안 먹냐?'고 물었죠. 그런데 그 말에 대답은 않고 창고에 처박혀 있던 선풍기를 꺼내다가 씻으라는 거예요. 너무 열이 올라 '일을 시켜도 밥은 먹이면서 시켜야 하지 않냐'고 소리치고 나왔다니까요. 이러다 곧 쓰러지겠다는 생각이 들더라고요."

먹는 문제처럼 중요한 것이 있을까. 의식주는 생활의 기본이다. 나는 먹는 음식에서 우리 식구 식사와 도우미의 식사를 구분하지 않았다. 우리가 먹는 음식을 똑같이 이모들과 함께 먹었다. 식비가 더 들어가더라도 이모와 한솥밥을 먹으며 식구처럼 지내면, 좀더 서로를 믿을 수 있으리라 생각했다.

그런데 이모들은 그런 '대접'에 익숙하지 않았다. 이모들은 같은 밥상에서 밥 먹기를 꺼렸고, 설사 같이 먹더라도 갈치나 조기 같은 생선에는 알아서 젓가락을 대지 않는다. 김치나 남은 반찬을 주로 먹는다. 자신은 밥 양도 많지 않은 편이라고 은근슬쩍 말하는 이모도 있다. 쌀을 많이 축내지 않는다는 의미일 게다. 고기를 구워도 손을 잘 대지 않아 내가 직접 싸줘야 몇 번 받아 드실 정도였다.

우리 집에서 일했던 이모들 대부분 위염 증세가 있었다. 눈칫밥을 먹고, 아이를 돌보고 일을 하다 보면 끼니를 제때 못 챙겨 먹는 경우가 많아서다. 한 이모는 내게 "자기들은 달걀이며 먹을 것 다 먹고 나는 딱 김치 하나만 놓고 밥을 먹으라고 해서 화가 나 일을 그만뒀다"고 전했다. 이모들이 우리 집에서 가장 만족스러워했던 점은 가족처럼 대해주고 눈칫밥을 먹지 않아도 된다는 점이었다. 면접 때 '세끼 제때 챙겨 먹는 것'을 강조한 방 이모의 말이 너무 강렬하게 의식에 남아 나는 지금도 이모 밥을 가장 우선적으로 챙긴다. "이모 식사하세요~." "식사는 하셨어요?" "식사는 거르지 마세요~ 이모가 건강해야 우리 아이들도 잘 키울 수 있어요." 이런 말 한 마디가 그들에게는 사랑과 관심이기 때문이다.

아이를 맡기는 부모나 아이를 돌봐주는 이모가 서로를 신뢰하기까지는 시간이 걸린다. 워낙 중국동포 도우미와 관련한 나쁜 뉴스와 소문, 악성 괴담이 많기 때문이다. 인터넷 까페에는 엄마들이 들으면 피가 거꾸로 치솟을 만한 얘기가 널리고 널렸다. 오죽하면 인터넷 한 카페에서는 중국동포 도우미 블랙리스트까지 작성해서 한국인 엄마들끼리 공유했겠는가. 그런 이야기를 들을 때마다 중국동포 이모와 함께 살고 있는 내 마음은 덜컥 내려앉곤 했다.

살림 잘하는 도우미의 한계

실제로 나 역시 개념 없는 도우미를 만나 마음고생을 한 적도 있다. 첫 번째 도우미 A를 만났을 때의 일이다. A는 57살 연변 출신 중국동포였다. 연세는 많았지만 한국 말이 어눌하지 않았고, 이전에 일한 집 엄마와 통화가 가능한 상황이었다. 이전 집 엄마는 "성실하고 깨끗하고 집안일을 잘하고, 아이도 잘 돌본다"고 평가했다. 나는 그 엄마의 평가를 믿고 면접 본 9명 가운데 이 아주머니를 선택했다. 직장 복귀 두 달 전의 일이었다.

두 달 동안 도우미와 부대끼는데, 그 시간이 2년쯤 된 듯한 느낌이었다. 24시간 함께 지내니 일거수일투족을 볼 수밖에 없었고, 아이를 도우미에게 맡겨야 하는 나는 예민한 촉수로 그를 대한 것 같다.

A의 장점은 정리정돈을 잘하고 한국 음식을 잘한다는 점이었다. 정리정돈은 전문가 수준이었다. 정리정돈에 젬병인 나는 그에게 '살림이란 이런 것이구나'라는 것을 배웠다. 빨래 하나를 널 때도 발로 지근지근 밟아 다림질하듯 각을 잡아 널었고, 서랍에 옷을 정리할 때도 키를 쫙 맞춰 거는 등 자신만의 방법이 있었다. 바지를 거는 법, 윗옷 정리하는 법, 겉옷 거는 법 하나하나가 다 다를 정도였다. 방바닥은 매일매일 반짝반짝 광이 났고, 옷장이며 책상 서랍이며 A의 스타일대로 우리 집은 정리가 되어갔다. 한 번도 그렇게 집 안을 깔끔하게 정리하면서 살아본 적이 없는 나로선 누군가 우

리 집에 마법을 부려 놓은 느낌이었다. 정리를 하니 집 안도 넓어 보이고, 기분도 상쾌했다.

그뿐이랴. A는 자신만의 한국 음식 레시피 공책을 갖고 있었다. 나도 제대로 못 만드는 육개장, 유부초밥, 각종 찌개를 레시피대로 만들어 우리 부부에게 대접했다. 한식당을 운영해도 될 만한 실력이었다. 아이 이유식도 자신만의 스타일로 원칙을 지켜 만들었다.

A의 정리정돈, 음식 서비스를 받으며 처음에는 아주 만족해했다. 그러나 A의 장점은 시간이 지나면 지날수록 어느새 단점이 되어갔다. 애초 내가 A를 고용한 이유는 아이를 돌보기 위해서였다. 집 안 정리정돈, 음식 만드는 것도 중요하지만, 가장 중요한 것은 주양육자인 도우미와 아이와의 관계였다. 내가 출근하면 도우미가 나를 대신해서 엄마 같은 사랑을 아이에게 제공해야 했다. 집안일이나 음식은 부차적인 문제였다. 그런데 A와 생활하면 할수록 자꾸만 그 부분이 맘에 걸렸다.

A는 정리정돈을 완벽하게 해야 직성이 풀리는 성격이라, 아이가 울어도 정리정돈이 우선이었다. 정리정돈이나 음식을 해야 하는데 아이가 칭얼거리면 달래기보다 자꾸 재우려 했다. 아이가 칭얼거리면 책도 읽어주고, 노래도 불러주고, 바깥 구경을 시켜도 될 텐데, A는 자꾸 아이를 슬링에 넣어 자장가를 불러댔다. 깨끗한 집 안 상태를 유지하려다 보니, 아이가 장난감을 가지그 놀다 집 안이 어지럽혀지면 그 상태를 견디지 못했다. 가재도구는 모두 제자리에 있어야만 했다. 한창 호기심이 왕성해 음식을 주물러 보면서 호기

심을 충족할 나이인데, 깨끗함을 중시하는 A는 아이 손이 더러워지 거나 음식에 손을 대는 걸 참지 못했다.

직장 복귀 시점은 슬슬 다가오고, 그 부분에 대한 고민으로 마음 이 갈팡질팡하고 있을 즈음, A가 주말에 나갔다가 복귀하는 시간 이 점점 늦어지기 시작했다. 그러더니 일요일 밤에 돌아와야 할 사 람이 월요일 오전에 들어오는 일이 생기기 시작했다. 내 속은 까맣 게 타들어갔지만, 직장 복귀 시점이 다가왔기 때문에 A를 잘 설득 해서 어쨌거나 아이를 잘 돌보게 해야겠다고 생각했다. 그래서 하 루는 작정을 하고 A에게 "오전에 아이가 칭얼댄다고 자꾸 재우려 하지 않았으면 좋겠다. 아이랑 놀 때는 아이한테 집중해서 놀고 집 안일 안 해도 되니까 아이랑 잘 놀아달라"고 말씀드렸다. 그랬더니 A는 화를 내며 "열심히 하고 있고, 아이가 칭얼대면 업어주는 수밖 에 없는데 엄마가 자꾸 트집을 잡는다"고 말했다.

그러더니 출근하기 일주일 전, A는 갑자기 허리가 너무 아파 아 이를 돌볼 수 없을 것 같다고 했다. 이게 웬 날벼락인가. 두 달 동안 얼굴 익히고 아이와 적응시킨 내 노력은 물거품이 됐고, 출근하기 일주일 전에 새로운 사람을 구해야 할 형편이 됐다. 너무 당황스럽 고 놀라 자주 들르던 인터넷 커뮤니티에 사연을 올렸다. 많은 워킹 맘이 그런 경우는 대부분 '월급을 올려달라는 사인'이라고 해석했 다. 엄마들의 조언은 엇갈렸다. "월급을 10만 원 정도 올려 A를 잡 아보라"는 의견이 있었고, "그런 사람은 반드시 어쩔 수 없는 엄마 의 상황을 또 이용하니 당장 바꿔야 한다. 아이는 잘 적응한다"는 의견이 있었다.

결국 나는 월급 인상보다는 베이비시터를 바꿔야 한다는 쪽으로 결론을 내렸고 부랴부랴 사람을 알아볼 수밖에 없었다. 이렇게 해서 첫 번째 도우미와의 생활은 두 달 만에 막을 내렸다.

산전수전 다 겪고 터득한, 도우미를 대하는 원칙

회사에 복직해야 하는데 당장 사람을 구해야 하니 제대로 따져보지도 못하고 다음 도우미를 구했다. 부랴부랴 급하게 사람을 구해서였을까. 두 달째 들어 서로 익숙해질 즈음, 도우미가 밤에 자꾸 나가려고 했다. 찜질방에 다녀오겠다, 친구 만나고 오겠다 등등 이유는 다양했다. 저녁나절이면 전화가 오는데 수화기 너머로 남자 목소리가 들려왔다. 아이가 가끔 집에 없던 풍선을 가지고 있어서 누가 줬냐고 물어보면 "할아버지"라고 말했다. 이상한 기분이 들어 하루는 일하다가 낮에 집으로 전화를 해보니 도우미가 전화를 받지 않았다. 너무 걱정이 돼 남편에게 집으로 가보라고 부탁했다. 남편이 일하다 말고 집으로 가봤더니 도우미는 아이를 데리고 볼일을 보고 저녁 늦게 들어왔다고 했다.

그즈음 딸이 자면서 양쪽 머리카락을 뽑기 시작했다. 마치 탈모 증상 같았다. 말 못하는 아이가 스트레스를 받고 있는 것 같았다. 우리는 이모에 대한 신뢰가 없어졌고, 이모에게 해고를 통보했다.

이렇게 지난 5년 동안 도우미 7명을 거치며 산전수전을 다 겪다 보니 이모를 대하는 나만의 원칙도 생겼다. 첫째로 이모들도 사람이고, 노동자이고, 고생 많이 한 우리네 엄마의 또 다른 모습이니 인간적으로 대우해야 한다는 점이다. 둘째로 공동생활 규범과 양육 원칙을 만들어 서로 잘 지켜나가야 한다는 점이다. 나도 못하는 '완벽한 육아와 살림'을 도우미에게 바라지 말아야 한다. 100점이 아니라 70점 정도만 해도 만족하고 서로 노력해야 한다. 한국인 엄마들은 '무개념 중국동포 이모' 사례에 공분하지만, 이모들 역시 '무개념 한국인 주인'에 대해 많이 얘기하기 때문이다. 셋째, 우리 가족과 잘 맞지 않고 규범을 잘 지키지 않는 이모라면 빨리 결단을 내리고 잘 맞는 사람을 하루빨리 찾아야 한다. 좋은 사람을 만나지 못할까 봐 우물쭈물하다가 스트레스 더 받고 아이에게 상처를 줄 수도 있다.

이모와 우리의 사랑은 깊어가고

다시 돌아가서 '무개념 이모'가 아닌 '또 하나의 가족'이었던 방 이모 얘기로 돌아가보자.

"내가 어떤 집에서 일하면서 젊은 남자와 한 방에서 잤지 뭐야. 부인이 자라고 한다고 내 방에 와서 자는 남편은 또 뭔지…. 아이 아빠가 문 앞에서 코를 드르렁거리며 자고 있는데 한밤중에 잠에서 깨서 화장실 가고 싶으면 아빠를 발로 툭툭 건드려. 그러면 아빠가 살짝 비켜줘. 잠도 맘대로 자지 못하고 화장실도 그렇게 갔다니까. 믿어지지 않지?"

방 이모가 헛웃음을 치며 내게 말했다. 사연은 이렇다. 방 이모가 이전에 일한 집에서는 직장맘이 아이를 데리고 자면 너무 피곤하다며 이모한테 아이를 데리고 자라고 요구했다. 그런데 그 집 부부는 이모를 전적으로 신뢰하지 못했다. 자는 동안 아이에게 어떻게 할지 모른다며 아내는 따로 자고 남편이 이모와 아이가 자는 방에서 함께 잤다고 한다. 잠을 자면서도 누군가의 감시와 통제 속에서 생활해야 했던 이모는 결국 그 집을 나왔다고 했다.

그 외에도 7명의 도우미 이모들은 이전에 자신이 겪은 '황당한 집 주인' 얘기를 종종 들려주었다. 그들이 말하는 '무개념 한국인'의 유형은 다양했다.

월급을 제때 주지 않고 계속 도우미가 교체되는 가정, 시부모나 친정 부모가 시시때때로 와서 아이 보는 일부터 집안일까지 감시하고 간섭해 도우미를 질리게 만드는 가정, 식모 대하듯 취급하고 아이에게 뽀뽀하거나 스킨십 하는 것을 싫어하는 가정, 부부싸움을 밥 먹듯 하면서 아이 문제는 모조리 이모에게 떠넘기는 가정, 남편이 도우미에게 말을 거는 것을 싫어하고 괜히 남편과 도우미의 관계를 의심하는 가정, 물건이나 현금을 잃어버리면 도우미를 의심하는 가정, 겨울에 이모 방은 난방을 거의 하지 않고 이모 반찬은 최소화해서 눈칫밥을 주는 가정, 아이가 조금 다치면 도우미가 제대로 돌보지 않아 다친 것처럼 몰아가는 가정 등등 별별 사례가 많았다. 이모들이 공통적으로 가장 많이 언급하는 '도우미로서의 고충'은 엄마뻘 되는 이모를 마치 식모 대하듯 하고 예의를 지키지 않는 부분이었다. 어떤 이모는 "어떻게 보면 애기 엄마들은 딱 내 자식뻘 되는데 그런 사람들이 나를 식모 대하듯 하고 중국동포라면서 무시하면 마음속에 큰 응어리가 남는다"고 말했다. 어떤 이모는 "호칭도 어떤 가정은 '사모님' '사장님'으로 깍듯하게 불러주기를 바라서 아예 사장님, 사모님이라고 부른다"고 전했다. 그런 얘기를 들으며 나는 고용주로서의 나, 그들과 함께 살아가는 가족으로서의 나를 좀더 객관화하면서 살아야겠다고 결심하곤 했다.

"에휴… 딸 결혼식이라 중국에서 친척들이 몽땅 오는데 그 사람들을 데리고 모텔로 갈 수도 없고…."

지난해 추석 때, 이모의 첫째 딸이 한국에 들어와 결혼식을 올리기로 되어 있었다. 이모가 한숨을 푹푹 쉬며 내 앞에서 걱정을 했다. 딸 결혼 준비를 해야 했기에 토요일 근무도 빼드리고 충분히 준비할 수 있도록 배려했던 참이다. 젊은 나이에 이혼을 하고 홀로 딸을 키운 친정 엄마의 모습이 겹쳐 잘해주고 싶었다. 마침 우리는 추석을 맞아 집을 비우게 되는 시점이었다.

"이모, 뭐가 걱정이에요? 저희 추석 때 시댁 가잖아요. 어차피 집 비는데 우리 집에서 친척들과 따뜻하게 밥 한 끼 해서 드세요. 딸도 다시 중국으로 출국해야 하는데 딸이랑도 좋은 시간 보내셔야죠~."

"정말? 그렇게 해도 될까? 그렇게 해준다면야 나야 너무 고맙지요. 진짜 그렇게 해도 될까요? 내가 집 청소도 깨끗하지 해놓을게. 진짜 우리 민지 엄마 최고다. 진짜 이런 주인 없을 거야. 나는 교회 가서 만날 자랑한다니까~ 우리 집 엄마는 나를 이렇게나 생각해준다고. 우리 집 애들 자랑도 많이 하고."

이모는 그렇게 첫째 딸 결혼식을 잘 치렀고, 우리 집에서 두 딸, 친척들과 오붓한 시간을 보냈다. 두 딸은 각자 남편을 데리고 우리 집을 따로 방문해 우리 부부에게 감사함을 표시했다. 그들의 손에는 아이들이 좋아하는 오렌지 한 상자가 들려 있었다. 이모는 이런 나의 배려에 감사해했고, 그만큼 우리 아이들에 대한 사랑도 깊어갔다.

친정 엄마처럼 나를 지원해준 그 이모

우리 가족은 이모와 함께 많은 추억을 그득그득 쌓았다. 함께 놀이공원도 가고, 온 가족이 함께 눈썰매를 타러 가기도 했다. 꽃구경을 가고, 돌 사진도 함께 찍었다. 이모는 때로는 친정 엄마와 같은 역할을 해줬다. 남편하고 부부싸움이라도 하면 내 속마음을 속시원하게 털어놓고 남편 흉을 함께 보기도 했다. 밖에서 힘든 일이 있을 때면 이모와 얘기하며 마음을 풀기도 했다. 내가 몸이 아프면 이모는 친정 엄마처럼 전복죽을 끓여주셨다. 야근을 해야 하고 주말에 일을 해야 하는 상황이 발생하면 부담 없이 이모에게 아이를 돌봐달라고 부탁할 수 있었다. 이모는 언제나 '내 편'이었다.

그런 이모였기에 나는 이모가 해결하기 힘들어하는 일이 있으면 발 벗고 나서 도왔다. 비자 문제도 그랬다. 방 이모가 우리 집에 오실 때는 방문취업(H-2) 비자였다. 방문취업 비자는 5년 만기가 되면 중국으로 돌아가야 하고 일정 기간 재입국 유예기간이 있어 장기 체류가 불가능했다. 그런데 법무부는 가사도우미로 1년 이상 같은 집에서 근속한 방문취업 동포에게 장기 체류가 가능한 재외동포 자격(F-4)을 부여했다. 나는 고용지원센터에 가서 이모와 1년간의 고용계약을 맺었고, 1년이 지난 시점에 이모는 출입국사무소에 가 비자를 변경할 수 있었다. 각종 서류를 준비해야 했고, 절차도 복잡했다. 이모는 비자 변경 문제를 처리하는 것을 난감해했다. 나는 이모와 함께 출입국사무소에 가서 관련 서류를 작성해드리고 비자 변경 문제를 도왔다. 이렇게 우리는 서로 정을 쌓으며 가족으로서 공동체를 꾸려나갔다.

"민지 엄마… 아무래도 나 이번 달까지만 일해야 할 것 같아. 둘째 딸이 한국인과 결혼해서 지방에서 살게 됐는데, 딸 옆에 가서 살고 싶어. 나도 이제 나이도 들고 딸 믿고 살아야 하는데, 딸이 옆으로 오라고 하니 그 아이 말 들어야지…."

올해 설 명절을 보낸 직후 이모가 내게 이별을 통보해왔다. 딸과 떨어져 산 기간이 길었기에, 그 마음은 충분히 이해할 수 있었다. 나는 이별 통보에 실연당한 사람처럼 꼼짝할 수 없었다. 거의 2년 동안 아이들을 돌봐주신 분이다. 둘째 아이는 이모에게 강한 애착을 보였다. 최근에는 엄마 대신 이모랑 자겠다고 할 정도로 이모를 따랐다.

둘째가 새 양육자랑 잘 지낼 수 있을지, 이제까지 손발 맞춰 생활해온 사람을 떠나보내고 다시 처음부터 시작해야 한다고 생각하니 앞이 캄캄했다. 정도 주고 마음도 주고 그동안 나는 이모에게 최선을 다했다. 그런데 한순간에 모든 것이 무너지는 느낌이었다. 가족이라 생각했으나 우리는 언제든 이별할 수 있는 계약관계라는 사실을 재확인하니 씁쓸하기만 했다. 심지어 '왜 나는 아이를 돌봐줄 시부모가 있는 서울 남자랑 결혼하지 않았나' 하고 후회할 정도였다.

이모에게 둘째 아이가 어린이집에 들어가기 전까지만 같이 있어달라고 했지만 이모는 냉정하게 거절했다. 그동안 내가 해고를 통보하기도 했고, 어떤 이모는 먼저 일을 그만두기도 했다. 그런 이별의 반복 속에서 살아야 하는 직장맘의 비애가 어느 때보다 크게 느껴졌다. 또다시 새로운 양육자를 만나야 하는 아이들이 불쌍했다. 이번만은 아이들이 어느 정도 클 때까지 함께할 수 있는 '우리 가족'을 만났다고 생각했는데 내 기대는 무참히 꺾였다.

만나고 또 헤어지고

이모와 이별하는 날, 나는 새벽까지 잠을 못 자고 눈물을 흘리고 말았다. 이모와 아이들, 우리 가족이 행복하게 함께한 사진을 골라 앨범을 만드는데 눈물이 하염없이 흘렀다. 가족이라 생각했는데 떠난다니 섭섭한 것인지, 또 다른 사람과 적응해야 하는 내 신세가 처량해서 우는 것인지, 애착이 잘 형성된 주양육자와 너무 이른 나이에 이별을 해야 하는 아이들이 불쌍했는지 이유는 잘 모르겠다.

둘째 아이는 이모와 이별할 것을 직감적으로 느꼈는지 2주 전부터 이모에게 집착하고 분리불안 증세를 보였다. 이모가 나가기 사흘 전부터 심한 열감기를 앓았다. 나 역시 새로운 이모와 적응하는 과정에서 심한 감기를 앓았다.

이모가 집을 떠나시는 날, 남편이 이모를 위해 정성스레 상을 차렸다. 떠날 이모와 새로 들어올 이모 모두 함께 모여 저녁 식사를 했다. 아이들은 이모가 가시는 줄도 모르고 이모에게 딱 달라붙어 해맑게 웃고 있었다.

이모가 짐을 싸들고 나가는데, 이모를 꼭 껴안았다.

"이모, 놀러 오세요. 건강하시고요!"

"그래요, 잘 지내고, 건강해요."

아무것도 모르고 까불면서 평소처럼 이모랑 장난을 치던 딸은 내가 눈물을 보이자 따라 울었다. 아들은 이모가 짐을 싸들고 나가니 이렇게 말한다.

"이모 어디 가?"

"이모 교회 가. 이모 교회 가서 기도해야지."

"나도 따라가면 안 돼?"

"……"

시끄러움과 부산함 속에서 우리는 눈 깜짝할 새 이별을 해버렸다. 아이들에게 영향이 있을 것 같아 화장실에 가서 눈물을 닦고 있는데, 6살 된 딸이 화장실로 들어와 서럽게 운다.

"엄마, 이모 보고 싶어. 이모 이제 안 오는 거야?"

딸을 꼭 끌어안아주고 딸의 감정을 보듬었다. "엄마도 이모 보고 싶을 것 같아"라고 말해주고 말없이 딸이 이별의 아픔을 느낄 수 있도록 안아줬다. 10여 분 정도 시간이 흘렀나. 딸도 나도 눈물을 닦고 다시 방으로 돌아왔다. 나는 딸에게 말했다.

"민지야, 이모랑 우리가 지금은 헤어지지만 아주 영영 헤어지는 것은 아니야. 이모가 보고 싶으면 전화도 할 수 있고, 이모에게 연락해서 만날 수도 있어. 민지, 오늘 유치원에서 사랑반 선생님이랑 헤어졌지? 이제 형님반으로 올라가면 새로운 선생님을 만나. 이렇게 누군가랑 헤어지면 또 다른 만남이 이어져. 민지 키워주신 최 이모랑 헤어졌을 때 우리 민지 많이 슬퍼했던 것 기억나? 그때도 너무 슬펐지만 방 이모 같은 좋은 이모를 만나서 우리 행복한 시간 보냈잖아. 그래서 슬픔 속에는 희망이 있고, 헤어지면 또 다른 만남이 있는 거야."

민지에게 말하고 있었지만, 이 말은 나에게 해주는 말이기도 했다. 6살이 돼 제법 철이 들어서 그런가. 딸은 정말 집중해서 내 얘기를 들었다. 알 듯 말 듯한 표정이었고, 딸은 금세 괜찮아졌다.

둘째가 문제였다. 이모가 나간 뒤 둘째는 불안 증세를 보였고, 잠시도 나와 떨어지지 않으려 했다. 나는 며칠 동안 회사에 휴가를 내고 아이 옆에 있어 주었다. 새로운 이모랑 적응하는 과정에도 시간이 걸릴 듯하다. 그러나 이것 또한 우리 가족이 감당해야 하는 몫임을 받아들여야 한다.

이모가 떠나고 일주일 뒤 전화를 했다. 이모는 둘째가 꿈에 나오고 아이들이 너무 보고 싶다며 울먹거렸다. 나도 "이모 가신 뒤 저도 민규도 많이 아팠어요"라고 말하며 울었다. 둘째가 새로운 이모에게 적응할 때 즈음해서 만나기로 기약하고 아쉽게 전화를 끊었다.

앞으로 우리는 새로 들어온 이모와 어떤 관계를 맺을까.

우리 가족은 이렇게 '중국동포 이모'들과 가족이라는 틀 안에서 하루하루 살아가고 있다.

죄책감 말고
행복하기

전가일 • 장안대학교 유아교육과 교수

전가일

서울대 아동가족학과를 졸업하고 같은 대학원에서 석사 박사 과정을 거치며 아이들에 대해 배웠다. 연구와 동시에 어린이집 교사와 원장으로 근무하며 아이들과 함께 지냈다.

아이를 낳고 어린이집에서 근무하는 동안, 다른 아이들을 돌보느라 울면서 매달리는 내 아이를 떼어 놓고 남의 손에 맡기는 아이러니에 대해 고민하기도 했다.

일과 공부, 엄마의 역할 어느 하나도 포기하지 않아서 어느 하나도 제대로 하는 것이 없음을 알기에 힘들어하기도 했다. 그래도 처한 자리에서 최선을 다하려 발버둥 치며 새삼 깨닫는 것은 내 인생 최고의 '업적'은 역시 두 아이의 엄마라는 점이다.

일하는 엄마는 어디서나 죄인?

일하는 엄마인 나는 삶의 어느 장면에서나 죄인이다. 일하는 곳에서는 언제나 가정사가 인생에 제일 중요한 사람이라 죄인이고, 남편에게는 내 일을 하느라 내조는커녕 아이들 양육도 온전히 하지 못해서 죄인이고, 무엇보다 아이들에게 나는 자신들이 필요할 때 옆에 있어 주지 못하는 엄마라서 죄인이다. 그래서 이쪽저쪽에 다 미안한 나는 늘상 죄인으로 고개를 숙이고 다닌다. 그 죄책감은 내 안에 깊이 스며 있어 습관처럼 날 따라다닌다. 그래서인지 일하는 엄마인 나는 무슨 일을 대할 때마다 내가 아이들에게 못 해주는 것을 먼저 떠올리며 걱정을 하곤 한다.

큰딸이 초등학교 3학년이 되었을 때다. 학기 초에 아이가 반 회장 선거에 나가고 싶다고 했다. 평소 생각이 깊고 돌봄의 리더십이 있어 동생들과 친구들에게 인기 만점인 딸아이에게는 매우 자연스런 선택이자 좋은 기회임에 틀림없었다. 그런데도 나는 회장 선거에 나가겠다는 딸아이를 선뜻 격려하지 못했다. 회장 선거에 나가겠다는 딸의 말에 일하는 엄마인 내가 할 수 없는 것들, 아이의 학교 뒷바라지가 먼저 걱정되었기 때문이다. 내가 딸에게 한 첫마디는 "그런데, 엄마는 학교에 못 가서 하나도 못 도와주는데…."라는 말이었다. 지금 생각하니 참, 어리석은 반응이었다. 오히려 딸아이는 지혜로운 대답으로 그런 어리석은 엄마의 불안과 걱정을 다독였다. 아이는 말했다.

"엄마～ 걱정하지 마. 내가 다 알아서 할게."

그랬다. 아이 말이 맞았다. 회장이 되는 것은 내가 아니고 딸아이니, 미리 그런 걱정을 하며 아이를 막으려고 하는 건 미련한 짓이자 일하는 엄마가 가지는 쓸데없는 죄책감의 습관이다. 그런 내 미련함과 쓸데없는 죄책감에도 불구하고 그 학기에 딸애는 회장이 되었고, 자신의 말처럼 엄마가 학교에 한번 찾아가지 않아도 '알아서' 잘했다.

일과 남편과 아이들은 내 삶에 가장 큰 의미가 있는 것이니 이런 대책 없는 죄책감은 격려할 만한 것은 못 되어도 어찌 보면 자연스런 것이다. 하지만 살다 보면 내 삶에 가장 중요한 사람들에게만 죄인이 되는 것이 아니라 그들과 연관된 곳에서도 일하는 엄마라는 이유로 죄인이 될 때가 있다. 얼마 전에, 딸아이네 학급의 대표 엄마가 전화를 했다. '내일 모레 학교에서 행사가 있어 행사를 도울 학부모가 각 반별로 ○○명씩 필요한데 우리 반은 학부모회 엄마들이 많이 부족하니 꼭 참여해 달라'는 내용이었다. 난 정말이지 자동반사적으로 머리를 숙이며 죄책감 가득한 목소리로 말했다.

"죄송하지만, 제가 일하고 있어 쉽지가 않아요. 미리 연차를 내거나 해서 스케줄을 조정해야 하는데 당장 모레면 좀 어려워요."

하지만 내 죄책감은 반 대표 엄마에게 전달되지 않은 듯했다. 대표 엄마는 불편한 심기를 숨기지 않고 매우 언짢은 목소리로 말했다.

"아니, 요새 안 바쁜 사람이 어디 있어요? 다른 엄마들도 다 일해요. ○○엄마, 회장 엄마 아니세요? 회장 엄마가 이러시면 안 되죠!"

딸이 회장이지 난 아니라는 원칙으로 버틸 수만은 없는 순간이었다. 난 별수 없이 다시 한 번 머리를 조아리며 극구 사과했고, '그 시간에 강의가 있어 도저히 시간 내기가 불가능하다'는 자세한 사정 설명을 하고서야 통화를 마무리할 수 있었다. 대표 엄마는 다음 대청소 때는 꼭 미리 시간을 내어 참여해달라고 당부하며 전화를 끊었다.

전화를 끊고 나자 왠지 모를 서러움이 밀려왔다. 이곳저곳에서 죄인처럼 고개를 숙이고 다니는데, 여기에서까지, 생판 얼굴도 모르는 이에게까지 고개를 숙이며 사과를 하고 있는 내 모습이 참 안쓰러웠다. 시어머니에게는 일이 바빠 자주 내려가지 못해 죄송하고, 일터에서는 아이가 아파 야근을 빠져야 해서 죄송하고, 아이가 다니는 어린이집에는 일찍 아이를 데려가지 못해 죄송하고, 아이들에게는 특별활동 참관에 가보지 못해 미안하고, 남편에게는 내 삶에 쫓겨 허둥지둥하느라 일주일 내내 얼굴 맞대고 밥 한번 제대로 먹어본 적 없어 "죄송"과 "미안"이라는 말을 달고 사는 나는 이제, 회장 엄마인데도 일 때문에 행사를 돕지 못해서 모르는 이에게까지 "죄송하다"는 말을 하며 고개를 숙이고 있으니 스스로가 참 측은했다.

그렇게 일하는 엄마는, 특히 한국 사회에서 일하는 엄마는 나처럼 죄인이 되기가 쉽다. 가끔 혼자 이 죄인됨의 부당함에 대해 생각해본다. 일하는 아빠는 죄인이 아닌데 엄마는 죄인이어야 하는 상황에 대해 그 부당함을 하나씩 찬찬히 따져보기도 한다. 그러면서 학교에서 필요한 일이 생기면 대표 '엄마'가 회장 '엄마'에게 전화하는 것이 아니라 대표 '아빠'가 회장 '아빠'에게 전화하는 그런 상황이 자연스러워질 날이 오길 희망한다. 일하는 엄마인 나의 존재가 죄스러움이 아니라 아이들과 남편의 자랑스러움이고 사랑스러움이 되길 꿈꾸어본다.

하지만 여전히 아이가 학교 행사 이야기를 꺼내거나 남편이 집안 행사를 거론할 때면 자연스럽게 스멀스멀 밀려오는 죄책감을 좀처럼 떨치기 힘들다. 그러면서도 일하는 엄마들을 대상으로 부모교육 강의라도 할라치면 "쓸데없는 죄책감을 갖지 마라. 그런 죄책감은 아이들에게 전혀 도움이 되지 않는다. 엄마의 죄책감과 불안은 아이에게 고스란히 전달되어 오히려 해가 되니 당당하게 일하고, 아이들과 있는 시간을 알차게 보내면 된다"라고 강조를 한다.

누구에게 강의를 할 게 아니라 나부터 그리 할 일이다. 쓸데없는 죄책감일랑 떨치고, 부당한 죄인 취급(?)을 받는 순간은 그 정황의 맥락에 따라 지혜를 발휘하여 공손하고도 당당하게 처신하며 변화를 꿈꾸고 변화를 일궈나갈 일이다.

엄마, 연구실 끊어!

나는 석사와 박사 과정을 공부하는 동안 큰딸을 키웠다. 학위 과정 동안 풀타임으로 연구실에 있기도 했고 어린이집 교사로 근무하기도 했는데 그러는 동안 딸아이는 어린이집에 다녔다.

일하는 엄마들이 대부분 그렇듯 나도 아이들이 어렸을 때 아이를 떼어 놓고 출근하는 것이 몹시도 어려웠다. 특히 만 두 돌이 다 될 때까지 엄마하고만 지낸 딸은 어린이집 적응이 몹시도 더뎠다. 아이는 두 돌이 지날 때부터 어린이집에 다녔는데, 교실에 들어서기도 전에 울기 시작했다. 아무리 달래고 설명을 해보아도 아이의 울음은 그치지 않았다. 때로는 선생님이 내 품에 안겨 있는 아이를 억지로 떼어내 데려가기도 했다. 그런 때면 아이가 내 품에서 떨어지지 않으려고 그 작은 손으로 내 옷을 얼마나 세게 움켜잡는지 선생님이 아이를 내 품에서 떼어내기 어려울 정도였다. 그렇게 떨어진 아이는 그야말로 발버둥을 치고 울면서 "엄마!!"를 외쳐댔다.

그렇게 문자 그대로 아이를 '떼어내고' 돌아서면 뒤에서 아이가 소리치는 "엄마!!" 소리가 더 크게 들렸다. 그 울부짖는 소리는 그대로 내 심장을 파고들어 그야말로 심장에서 피가 뚝뚝 떨어지는 것만 같이 아팠다.

딸아이가 울지 않고 어린이집에 등원하기까지 첫 해에는 세 달이 걸렸고, 두 번째 해에는 한 달이 걸렸다. 세 번째 해에도 3주가 넘어서야 울지 않고 등원했다.

그러던 아이가 크면서 차차 어린이집에 적응하고 유아반이 되어 친구들과 어울려 노는 재미를 제법 알게 되자 아침에 아이와 헤어지는 일이 한결 쉬워졌다. 아이는 웃으면서 엄마와 인사를 하고 돌아서서 교실로 뛰어 들어갔다.

하지만 그즈음에도 아이는 가끔씩 어린이집에 가지 않고 엄마와 함께 있고 싶어했다. 아이는 주로 비가 오는 날이나 긴 연휴가 지나고 나면 엄마와 헤어지기 힘들어했다. 특히, 내가 수업이 없거나 연구실에 특별한 일이 없어 집에 있으려고 하는 날이면 어김없이 어린이집에 안 가겠다고 울곤 했다. 그럴 때면 오랜만에 집에서 쉬며 지친 몸과 마음을 달래려던 계획을 접고 모처럼 아이와 둘이서 오붓한 시간을 보내곤 했다. 아이는 엄마와 함께하는 시간 내내 무척이나 행복한 표정으로 웃으며 몇 번이고 말했다.

"어린이집 안 가고 엄마랑 이렇게 둘이서 있으니까 너무 좋다!"

내가 여유 있을 때만이 아니라 연구실 일로 매우 분주하거나 정말이지 딱 울고 싶을 만큼 일이 버거울 때도 엄마와 헤어지지 않겠다고 고집을 부리거나 엄마의 부재를 서운해했다.

아이가 7살 유치반이었을 때 일이다. 어린이집에서 한 달에 한 번 정도 가까운 곳으로 나들이나 현장학습을 갔다. 담임교사 혼자 아이들을 인솔하기 어려워 늘 반 아이들 엄마 몇몇이 나들이에 동행하곤 했는데 나는 연구실 일정이 어린이집 나들이와 겹치는 때가 많아 나들이에 참여하지 못했다. 그것을 서운하게 생각하던 딸아이가 다음번 나들이는 "엄마가 꼭 따라가면 좋겠다"고 해서 다음 나들이에는 꼭 동행하기로 아이와 약속을 했다.

그러나 막상 나들이 즈음이 되었을 때 나는 정말이지 바빴다. 그 즈음 나는 연구실에서 진행되고 있는 큰 프로젝트를 보조하느라 일주일이면 두세 번 아침 7시에 회의를 했고, 두세 번은 프로젝트 팀의 선배들과 밤을 새웠다. 그 와중에 낮에는 강의를 듣고, 리포트와 논문을 써야 했다. 나는 살인적인 일정에 몸과 마음이 지쳐 있었다. 게다가 어린이집 나들이 일정이 프로젝트 회의와 겹쳐 아이와 했던 동행의 약속을 도저히 지킬 수가 없었다.

나는 먼저 아이의 담임선생님에게 양해를 구했다. 담임선생님은 흔쾌히 이해해주었으며, 동행할 수 있는 다른 엄마를 찾겠다고 했다. 그러나 그런 흔쾌한 양해를 아이에게 기대하기는 힘든 일이었다. 그래도 나는 외동이로 자란 딸치고는 너그럽고 성숙한 우리 딸이 엄마의 미안한 마음과 사정을 알아주길 기대하며 아이에게 간곡하게 말했다.

"엄마가 이번에는 꼭 따라가려고 했는데, 요새 엄마가 연구실에 바쁜 일이 생겨서 일이 많아. 그런데 마침 그날 또 회의가 있어서 엄마가 빠질 수가 없어. 그래서 엄마가 정말정말 미안한데 이번에는 못 따라갈 것 같아. 대신 다음에 꼭 같이 갈게."

내가 그 말을 하는 동안 나를 물끄러미 바라만 보던 딸아이의 눈에 금세 눈물이 그렁그렁 맺혔다. 아이는 닭똥 같은 눈물 한 방울을 뚝 흘리더니 목까지 차오르는 설움을 삼키며 말했다.

"엄마!! 연구실 끊어!"

말을 마치자마자 아이는 "앙~" 하고 크게 울음을 터뜨렸다. 겨우겨우 삼키던 설움이 목을 타고 올라왔던 모양이다. 나는 아이를 꼭 껴안았다. 딸아이는 엉엉 울면서 엄마의 목을 꼭 껴안고 말했다.

"엄마는 연구실 끊고, 나는 어린이집 끊고 그랬으면 좋겠어."

딸아이의 그 말에 한쪽 가슴이 시려왔다. 아이의 그 말 속에는 지난 수년간 딸아이가 참고 감수했던 것, 오래도록 바라던 것이 고스란히 들어 있었다. 그리고 그것은 그동안 바로 내가 참고, 감수하고, 바란 것이기도 하기에 내 가슴은 몹시도 시렸다. 그 가슴시림과 아이의 설움 앞에서 나도 모르게 눈물이 줄줄 흘렀다. 지쳤던 마음이 한꺼번에 무너져 내린 것 같았다. 나는 엉엉 소리 내어 울며 속으로 말했다.

'엄마도 정말 그랬으면 좋겠다. 연구실 끊고 너랑 집에 있으면 좋겠다. 엄마도 가끔, 왜 이렇게 살아야 하나 하고 생각해. 정말 중요한 것은 이게 아닌데, 하는 생각이 들 때면 정말 두렵다.'

딸아이와 나는 서로를 꼭 껴안고 한참을 울었다. 한참을 울고 난 후 우리는 달콤한 아이스크림을 먹었다. 그리고 며칠 후에 연구실 선배들에게 양해를 구하고 회의에는 자료만 제출한 채 아이의 나들이에 동행했다.

어느덧 딸아이는 5학년이 되었고 나는 여전히 바쁘다. 아이에게 "미안하지만 엄마가 일 때문에⋯."라는 말로 함께해 주지 못하는 미안함을 설명해야 하는 일이 예전보다 더 많아졌다. 지금도 일상에 쫓기며 정신없이 하루를 보내다 집에 귀가해서 더욱 정신없이 집 안을 정리하고, 아이들을 재운다.

가끔은 잠든 아이들 옆에 누워 아이들을 보며 생각한다. 그 많은 엄마의 빈자리에도 불구하고 예쁘게 잘 자라주어 고맙다고, 정신없이 쫓기며 살다가 삶의 중요한 것을 놓치는 것은 아닐까 두려움이 몰려오기도 하지만 확실한 것은 너희가 엄마에게는 가장 소중하고 중요하다고, 이 세상에 와서 엄마가 한 일 중 제일 자랑스러운 것은 바로 너희들을 낳고 키운 것이라고⋯.

오늘도 나는 잠든 아이의 머리를 쓰다듬으며 귓가에 속삭인다. "잘 자. 좋은 꿈 꿔. 엄마가 많이 사랑해."

너무나 큰 위로가 된 9살 딸아이

난 첫째 딸아이를 한 달 빠른 9개월 만에 낳았다. 그리고 한참 만에 둘째를 가졌다. 둘째를 임신했을 때는 오히려 첫째 때보다 몸이 가벼웠고, 나이 든(!) 임산부임에도 그다지 힘든 줄을 몰랐다. 그즈음에 나는 어린이집에서 풀타임 근무를 하고 있었는데 둘째를 임신한 지 5개월이 지난 즈음부터는 박사논문 준비도 병행했다. 뱃속의 우리 아들은 픽도 효자여서 임신 초기에 입덧이 없었을 뿐 아니라 임신 기간 내내 특별히 힘든 일도, 별다른 위험의 징후도 없었다. 그래서 나는 딱히 조심해야 할 필요를 느끼지 못하고 열심히 일하고 공부했다.

임신 8개월 즈음의 어느 날이었다. 딸아이가 2학년 때의 일이다. 그날도 나는 여느 날과 마찬가지로 어린이집에서 분주하게 하루 일과를 보냈다. 물품 구입을 위해 교사들과 남대문시장도 다녀왔다. 시장에 다녀오고 나서 약간 배가 아프다고 느꼈지만 그다지 심하지 않아 그러려니 했다. 귀가해서 딸아이와 저녁으로 김치찌개를 끓여 맛있게 먹었다. 남편은 출장을 가고 없었다. 저녁을 다 먹고 일어서는데 다리 사이로 따뜻한 액체가 주르르 흘렀다. 순간, 본능적으로 등이 서늘해지면서 위험한 일이 벌어졌음을 감지했다. 양수가 터진 것이다. 난 최대한 침착함을 잃지 않으려고 애쓰며 방에 들어가 딸아이에게 말했다.

"꽃슈(딸의 애칭)~ 옷 입고 병원 갈 준비하자. 아무래도 아기가 나오려고 하는 것 같아."

애써, 아무렇지도 않은 듯 침착하게 말했지만 내 얼굴에는 긴장과 두려움이 역력했을 것이다. 그러자 딸아이가 울먹이며 말했다.

"엄마… 지금 애기가 나오면 안 되지 않아? 지금 나와도 살 수 있어?"

"그럼, 살 수 있지. 걱정하지 마. 8개월 됐으니까 괜찮아. 얼른 옷 입자."

아이와 함께 옷을 입으면서 남편에게 전화를 했다. 남편은 지금 즉시 택시를 타고 온다며 119를 요청하겠다고 하였다.

남편과 통화를 한 후 다니던 병원에 전화를 했다. 그런데 병원에서는 태아가 너무 어려 아기를 받을 수 없다고 하였다. 몇 주만 더 지나도 괜찮겠지만 이런 경우는 대학병원으로 가야 한다며 난색을 표했다. 애써 추스르던 긴장과 두려움이 서서히 엄습해 왔다.

임신 초기에 다녔던 대학병원으로 연락을 했다. 그런데 이번에는 신생아 중환자실의 인큐베이터에 자리가 없어서 받을 수 없다고 했다. 수화기를 든 손이 떨리기 시작했다. 그러는 사이 양수는 더 많이 흘러내리고 있었다.

설상가상 119 대원은 우리 집을 잘 찾지 못했다. 119 구급대원이 세 번째로 집의 위치를 묻는 전화를 했을 때 위치를 설명하던 나는 드디어 참고 참았던 두려움이 폭발해 울음을 터뜨리며 말했다.

"아저씨, ○○○○라구요. 흐흑….".

수화기를 내려놓자 두려움과 혼란스러움으로 눈물이 흘렀다. 그때, 딸아이가 조용히 내 옆으로 다가오더니 내 어깨를 어루만지며 말했다.

"괜찮아, 엄마. 다 잘될 거야. 괜찮아, 괜찮아."

딸은 손으로 내 볼에 흐르는 눈물을 훔치고는 목을 꼭 껴안아 주었다. 나도 딸을 꼭 껴안았다. 마음이 좀 안정되는 듯했다.

잠시 후에 119 구급대원이 도착했다. 나는 구급차에 올라탔다. 딸아이가 날 부축했다. 나는 구급차에 있는 간이침대에 누웠다. 딸애는 구급대원과 나란히 의자에 앉았다. 그러고는 내 손을 꼭 잡으며 다시 말했다.

"엄마, 괜찮지? 하나님이 지켜주실 거야. 다 잘될 거야, 엄마."

병원으로 가는 내내 아이는 내 손을 놓지 않았다. 나도 아이의 손을 꼭 잡았다. 그 절대적인 위기의 순간에 아이는 내 유일한 보호자로 내 옆을 지켜주고 있었다.

구급차 안에서도 우린 어느 병원으로 갈지 몰라 허둥댔다. 구급대원은 남편과 몇 번 통화를 하더니, 당장 응급 수술을 해줄 수 있고 고위험 신생아를 위한 인큐베이터 자리도 있다고 하는 대학병원을 찾아 가장 가까운 곳부터 전화를 하기 시작했다. 다행히도 가까운 곳에 위치한 대학병원에 인큐베이터 자리가 있고 수술도 가능하다는 연락이 왔다. 구급차는 그 병원으로 향했다.

자정이 가까워지는 시간에 병원에 도착했다. 병원에 내리자 구급대원은 응급실 앞에서 서류에 기록을 하더니 인사를 하고 갔다. 늦은 밤 병원 응급분만실 앞에 나와 딸아이만 덩그러니 남겨졌다. 우리는 서로의 손을 꼭 잡았다. 잠시 후 간호사가 날 안으로 안내해서 처치실로 들어갔다. 딸아이는 내 가방을 들고 수술실 문 앞에 서 있었다.

나는 처치실 안쪽으로 들어가 침대에 누워 의사를 기다렸다. 응급 수술을 하고 있다는 의사는 한참을 기다려도 오지 않았다. 정확히는 알 수 없지만 많은 시간이 흘렀다. 침대에 누워 있던 나는 흘러내리는 양수와 뱃속의 아이도 걱정되었지만 그보다 문 밖에서 혼자 기다리는 딸아이가 너무 걱정되었다. 얼마나 무서울까? 얼마나 떨릴까? 얼마나 걱정이 될까? 나는 침대에 누워 지나가는 간호사를 불러서 울먹이며 말했다.

"밖에 아이가 혼자 있어요."

그러자 간호사가 웃으며 말했다.

"걱정하지 마세요. 방금 보호자 분 오셔서 같이 있어요."

얼마간의 시간이 또 지나고 의사를 만났다. 아직 출산하기에 너무 이르기 때문에 최대한 출산을 미뤄야 하니, 일단 고위험 산모방으로 옮겨 내일까지 더 지켜보자고 했다.

방으로 옮겨 가니 남편과 딸애가 들어왔다. 남편과 딸아이를 보자 와락 눈물이 났다. 남편이 도착해서 보니 딸아이가 엄마 가방을 꼭 껴안고는 움직이지도 않고 수술실 문 앞에 앉아 있더라고 했다. 그러다 아빠를 보더니 딸아이가 일어서며 말했다고 한다.

"아빠~ 엄마가 아까아까 들어갔는데 아직도 안 나와. 괜찮겠지?"

그 말을 듣자 눈물이 주룩주룩 흘렀다. 잠시 면회를 마치고 남편과 아이는 고위험 산모실을 나가야 했다. 딸아이와 헤어질 때 난 아이의 손을 꼭 잡고 말했다.

"오늘 엄마는 꽃슈가 있어서 너무 감사했어. 사랑해, 고마워."

나는 그 다음날 수술을 했고, 아가는 한 달 동안 인큐베이터 안에서 지내고 건강한 모습으로 퇴원했다.

아가가 집으로 오고 나서 한 달 후에 내 생일을 맞았다. 생일선물로 딸아이와 둘이서만 호텔에서 1박을 했다. 딸애는 너무 좋아하며 내게 안겨서 몇 번이고 말했다.

"엄마랑 이렇게 둘이 있으니까 참 좋다."

그날 우리는 밤늦게까지 호텔 방 침대를 뒹굴며 보드 게임을 하고, 영화를 보았다. 그리고는 아침까지 늦잠을 푹 자고 오붓하고도 우아하게 조식을 먹었다. 내 손을 꼭 잡고 조식을 먹으러 가는 딸아이의 표정은 너무나 편안하고, 흐뭇하고, 행복해 보였다. 그리고 그 편안함과 흐뭇함, 행복감은 내게도 고스란히 전달되었다.

그날 우리는 그렇게 서로 경험의 의미를 공유하면서 친구로서 더 가까워졌다. 그렇게 딸아이는 내 인생에서 가장 어려웠던 시간에 내 옆을 지켜준 가장 가까운 친구다.

아이들은 다 다른 환경에서 자란다

첫딸을 낳고 정확히 8년 만에 둘째를 낳았다. 서른 후반의 노산 (?)이라 그런지 병원에서는 온갖 산전 검사를 권유했다. 하지만 나는 검사를 최소화하면서 일상생활을 크게 바꾸지 않고 최대한 자연스럽게 지내려고 노력했다.

하지만 여러 가지 이유가 겹쳐 임신 8개월 만에 이른 출산을 하게 되었다. 출산 후 나는 5일 만에야 겨우 자리에서 일어날 수 있었다. 첫째 출산 때도 똑같이 수술을 했는데, 20대 후반이던 그때는 수술한 다음날로 일어나 링거 병을 주렁주렁 달고는 신생아실까지 혼자 걸어가 아기에게 모유를 먹이겠다고 해서 간호사들을 깜짝 놀라게 했었다.

하지만 둘째 출산 때는 너무나 달랐다. 5일 만에야 겨우 운신을 했고, 일주일 만에 퇴원을 했다. 집에 돌아가서도 좀처럼 기력을 회복하지 못했다. 아기가 인큐베이터에서 한 달 정도 지내야 했기에 아기 돌보는 수고로움이 없었는데도 몸이 천근만근이었다. 입이 너무나 써서 도저히 밥을 먹기 힘들었고, 밤새 잠을 이루지 못했다. 조금만 움직여도 땀이 비 오듯 흘렀고, 밤새 땀이 나서 잠자는 동안 잠옷을 서너 번씩 갈아입어야 했다.

한 달이 다 되도록 회복될 기미가 보이지 않았다. 급기야는 숟가락 들 힘도 없을 정도여서 병원에서 출산 후 한 달 만에 온갖 정밀 검사를 다시 했다. 수술 시 심장에 무리가 있었던 것은 아닌지, 몸에 새로운 염증이 생긴 것은 아닌지 등등에 대해 검사했으나 모든 것이 정상이었다. (적어도 병원 검사 상으로는 그랬다.)

그러던 차에 아기가 퇴원해서 집으로 왔다. 출산 후 한 달이나 지났지만 아기는 2.3킬로그램을 겨우 넘겨서 아직도 작고 연약했다. 위험한 순간을 넘기며 얻은 귀한 아기. 봐도 봐도 좋았고, 생명과 신에 대한 경외감으로 볼 때마다 눈물이 났다.

하지만 아이가 퇴원한 후에도 내 몸은 회복되지 않았다. 둘째는 험난했던 출산 과정에 비해 까다롭게 굴지 않았다. 그다지 많이 울지도 않았다. 하지만 가끔 우는 울음에도 난 힘들어 어찌할 바를 몰랐다. 내 몸이 힘들었기 때문에 우는 아이를 잘 업어주지도 못했다. 설상가상 아기가 울 때마다 내 등에선 식은땀이 줄줄 흘렀고, 심장이 뛰었고, 심장이 아팠다. 지금 생각하니 아마도 조산의 험난한 과정이 트라우마처럼 남아서 아기 울음소리를 들을 때마다 내 몸이 출산 당시를 기억하며 공포로 반응한 것이 아닌가 싶다.

그런 배경으로 난 둘째를 첫째 아이 때만큼 잘 돌보지 못했다. 몸이 그렇게 힘들어도 악착같이 아기에게 젖을 먹였고, 아기가 깨어 있는 동안은 눈을 마주치고 이야기를 해주면서도 내 몸이 너무 아프고 힘들었기에, 아기를 돌보는 내 마음이 즐겁지 못했다. 어떤 날 밤에는 아기 옆에 누워 뜬 눈으로 밤을 새우며 '이대로 죽는 게 아닐까? 내가 죽으면 아이들은 어떻게 하지?' 하는 쓸데없는 생각을 하며 혼자 울기도 했다.

아이가 퇴원한 지 몇 주쯤 지나서였다. 여전히 밤에 잠을 이루지 못하고 땀을 흘리며 악몽을 꾸는 나를 보며 남편이 "이제부터는 내가 혼자 아기를 데리고 작은방에서 따로 자겠다"고 하였다. 남편은 내게 최대한 몸을 회복하는 데만 신경을 쓰고, 아기를 '잘 돌보려는' 강박에서 벗어나라고 했다. "당신 몸이 건강한 것이 아기를 위한 것이기도 하다"라는 말도 해주었다. 남편은 아기를 데리고 작은방에서 따로 잤다. 그때부터 조금씩 밤에 잠을 이룰 수 있었다. 이후로 아기를 돌보는 일보다 내 몸 회복에 더 집중했다.

아기를 잘 돌볼 베이비시터를 구해 아기를 맡기고 한의원도 다니고 산책도 나가고 요가도 다녔다. 어차피 얼마 있지 않아 다시 출근을 할 예정이어서 아기와 베이비시터가 애착을 형성하도록 하는 것도 중요했기에 아기가 베이비시터와 많은 시간을 보내도록 했다. 그러는 사이 차차로 내 몸은 회복되어갔다.

출산 후 4개월 만에 출근을 했다. 내가 출근을 하면 아기는 베이비시터와 지내다가 퇴근 후 한두 시간 쯤 엄마, 누나와 함께 놀았다. 그러다 남편이 퇴근하면 그때부터 남편은 아기를 목욕시키고 먹이고 잠을 재웠다. 둘째는 병원 인큐베이터에서 나와 아빠의 품에서 잠들었고, 자기를 너무나 귀여워하는 누나나 베이비시터와 함께 놀았다. 그래서 아들은 엄마보다 아빠를 찾았고, 돌봐주는 이모를 좋아했고, 누나에게 열광했다. 엄마는 늘 마지막이었다.

나는 출근해서는 최선을 다해 일을 했고, 퇴근해서 집에 있을 때는 최선을 다해 아기와 시간을 보냈다. 출생 직후 한 달이나 인큐베이터에서 지냈고 그 후로도 내 몸이 힘들어 아기를 충분히 안아주지 못했다는 생각에 둘째를 보면 늘 안쓰러운 마음이 가득했다. 약간의 죄책감 같은 것도 있었다. 그래서 더더욱 둘째와 있는 시간 동안은 아이에게 최선을 다해 집중했다.

하지만 그런 노력과 집중으로도 내가 첫아이에게 쏟아 부은 정성과 시간을 도저히 따라가지 못했다. 그 정성과 시간의 차이를 극복해보고자 온갖 노력을 하다가 결국, 이 현실을 받아들이기로 했다. 그러고는 이렇게 생각을 정리했다.

'아이들은 다 다른 상황 속에서 태어나고, 다른 맥락 속에 처해진다. 나는 두 아이 모두 너무나 사랑하지만 아이들 각자와 보낸 시간과 추억, 그 아이와 나눈 마음과 상호작용은 모두 다르다. 엄마밖에 없던 첫째와는 달리 둘째는 아빠도, 누나도, 이모도 있다. 엄마보다 많은 시간을 함께 보내는 이모나 아빠를 찾는 우리 아들과 나의 관계, 그건 나쁜 것이 아니라 그냥 첫째와 내가 만든 관계와는 다를 뿐이다. 그렇게 달라지는 관계, 그것이 우리 삶이다.'

이런 생각에 이르자 한결 마음에 여유가 생겼다.

이제 아들은 두 돌이 넘었다. 태어날 때 그렇게 힘들었지만 키도 크고 몸도 우람하고 활짝 잘 웃고, 말도 잘하고, 재미있게 노는 사랑스런 아가다. 우리 아들은 지금도 엄마보다 아빠를 더 좋아한다. 잠잘 때도 아빠를 찾고, 마음에 드는 물건은 무엇이나 "아빠가 사줬어"라고 말한다. 누나의 귀가를 가장 반기고, 서러울 때는 꼭 누나를 찾는다.

최근에 부쩍 말이 늘고 있는 세 살짜리 아들과 대화를 나눴다. 요즘 아들은 모든 말 앞에 '안' 자를 붙이는 재미가 들렸다.

엄마: 아빠 좋아?

아들: 아빠 좋아.

엄마: 누나 좋아?

아들: 누나 좋아.

엄마: 엄마 좋아?

아들: 엄마 안 좋아.

이 말을 듣고 나는 아들의 '안' 자 붙이기 습관이라고 여기며, 희망을 갖고 다시 물었다. 그러자 아들은 다시 한 자 한 자 또박또박 발음해주었다. "엄마, 안 좋아." 아들은 그렇게 말하면서 씩 웃는다. 나는 울상을 하고 다시 물었다. "엄마 안 좋아?" 그러자 아이는 환하게 웃으며 "엄마 좋아～" 하고는 내 품에 안겼다. 많은 시간을 함께하지 못한 데 대한 쓸데없는 죄책감으로 아들의 농담 한마디에도 철렁 내려앉는 가슴을 쓸어 담는 엄마. 울 아들은 그런 엄마보다 훨씬 재치 있다.

나는, 엄마다

나는 아이들에게 어떤 엄마일까? 나는 좋은 엄마일까? 나는 엄마다운가? 그렇다면, 무엇이 나를 엄마답게 하는가? 나는 어떤 과정을 거쳐 엄마가 되어 온 걸까? 그런 '엄마됨'의 과정을 통해 나는 잘 성장하고 잘 배워왔을까? 그렇다면 그 성장과 배움은 어떤 종류의 것일까? 내 체험은 다른 이들의 그것과 다를까? 엄마됨은 나의 정체성에 얼마만큼이나 중요할까? 엄마됨은 내 삶에 어떤 의미가 있는가? 이러한 물음은 최근 내가 궁구하는 것들이다.

질적연구자임을 자처하는 나는 평소에도 늘 사물과 현상의 본질적 속성에 관심이 많다. 질적연구란 현상의 속성, 즉 어떤 현상을 바로 그것이게 하는 '그것다움'에 관심을 두는 것이다. 그런 맥락에서 나는 질적연구를 하면서 늘 나의 나됨을 생각하고 성찰해왔다.

그렇게 나의 나됨을 생각할 때마다 다다르게 되는, 결국은 나됨을 특징짓는 것 중 중요한 것은 '엄마됨'이라는 점이다. 나에 대해 생각하고 성찰할 때마다 간과할 수 없는 중요한 물음으로 나를 사로잡는 것이 엄마됨의 의미였던 것. 그런 사유의 과정 속에서 나를 이해하고, 이 땅의 수많은 여성을 이해하는 길 중 하나는 바로 엄마됨의 의미를 이해하는 것이라는 생각에 다다랐다.

그래서 나는 최근 연구자로서 '엄마됨'에 더욱 관심을 갖게 되었고, 언젠가 엄마됨의 의미체험에 관한 논문을 쓰리라 마음을 먹고 그에 관한 생각을 하나둘 정리 중이다.

나는 충청북도 옥천의 작은 시골 마을에서 태어났다. 유아 시절의 내 기억은 할머니와 논두렁을 거닐던 일, 엄마와 고모들과 봄나물을 캐러 다닌 일, 동네 친구들과 냇가에서 물놀이를 한 일로 가득하다. 가족들과 친척들, 동네 어른들에게 많은 사랑을 받았고, 별다른 강요나 간섭을 하지 않는 부모님과 아름다운 자연 속에서 살았다. 그 덕분에 난 어릴 적부터 크고 작은 결정을 나 스스로 했던 것 같다. 커갈수록 그런 자유의 폭은 더욱 넓어졌다.

고3이 되어 식구들이 모두 호주로 이민을 가서 가족과 떨어져 살면서부터는 더욱 그랬다.

대학 진학이나 취직, 결혼까지 내가 결정하고 부모님께 말씀드리면 부모님은 내 결정을 격려하고 환대해주셨다. 부모님은 남편을 결혼식 보름 전에야 처음으로 보았다. 그렇게 지내면서 나는 몹시도 외로웠다.

결혼을 하고 누군가와 일상을 함께하는 것이 참 따뜻하고 좋았다. 하지만 동시에 타인이 내 삶에 간섭하고 영향을 미치는 그 상황이 받아들이기 어렵기도 했다. 그렇게 결혼생활은 내게 함께하는 따뜻함과 자유의 속박 사이에서 절묘한 균형점을 찾아야 하는 일이었다.

이제 두 아이의 엄마가 되었다. 아이들의 엄마가 된다는 것은 내게 또 다른 삶의 문을 열어주었다. 내 삶은 더 이상 나만의 것이 아니었고 내 크고 작은 결정은 모두 아이들에게 영향을 미쳤다. 내 삶은 남편, 그리고 아이들의 삶과 유기적으로 연결되어 있다. 그렇게 이제 나는 절대적으로 혼자일 수 없는 존재다. 나는 나를 둘러싼 중요한 타인들, 그중에서도 남편과 아이들과의 관계 속에서 내 존재 의미를 발견한다.

그렇게 인간이 사회관계의 총체임을 삶 전체로 경험하고 있는, 나는⋯ 엄마다.

아이를 키우면서
부모도 성장한다

황금희 • 마이스토리돌 대표

황금희

스물다섯에 〈여성신문〉 기자로 여성주의 매체의 일원이 된 후 〈페미니스트 저널 이프〉와 〈여성
신문〉에서 편집장으로 일했다. 이후 6년 남짓 국회에서 일하며, 국가 시스템이 돌아가는 모양새
를 깊숙이 들여다볼 수 있었는데 두고두고 꽤 요긴한 학습이 될 것 같다.

2011년 9월 스토리텔링 콘텐츠와 캐릭터를 개발하는 MyStoryDoll Company(www.mystorydoll.
com)를 만들었다. 각 지역의 스토리텔링 프로젝트를 수행하면서 도시 마케팅, 도시 브랜딩, 관광
활성화 방안을 제안하고 있다. 우리나라 역사 속의 다양한 여성 삶을 담은 이야기와 그 이야기
의 주인공을 인형으로 만들어 상품으로 출시하는 게 꿈이다.

충분히 이기적인, 철없는 유부녀

나는 철이 늦게 들었다. 철이 든다는 걸 제 앞가림은 물론이고 가족을 돌보고, 챙기고, 이웃과 주변을 돌아보면서 더불어 사는 것에 대해 고민하고 노력하는 것 정도로 정리한다면 나는 서른을 훌쩍 넘기고서야 철이 들기 시작한 것 같다.

나는 스물아홉에 동갑내기 대학 동창과 결혼했다. 대학 2학년 때부터 연애를 했으니 주변에선 '징하다'고 했다. 친구들은 "니들 정말 결혼까지 가는구나!" 하는 반응을 보였고, 언니는 "그 남자밖에 없디?"라고 물었다. 어쩌라고?

오래 사귄 남자를 신랑으로 맞고 보니 결혼을 인생의 새출발이라는 탱탱한 긴장감으로 받아들이지 않고 친구랑 살림을 합친 정도로 가볍게 생각한 것 같다. 결혼을 했으니 내 삶에 어떤 식의 변화가 필요하다고 생각하지 못했다. 결혼 전에 계획한 대로 결혼과 동시에 직장을 그만두고 대학원에 들어가 공부를 시작했고, 5년간 아이를 갖지 않은 채 하고 싶은 일에 몰두하며 삼십대 초반을 보냈다.

현실을 제대로 보자면 나는 참 철없는 유부녀였다. 남편은 5녀 1남의 독자였고, 칠순이 넘은 부모님은 오매불망 손자 보기를 고대하고 있었으며, 나이는 서른 중반으로 가고 있었다. 그리고 톡 까놓고 말해서 저소득층이었다. 심지어 지금 내가 있는 곳은 임시 거처일 뿐이며, 언젠가 저기 좋은 곳으로 갈 것이라는 몽롱한 생각마저 가지고 있었다.

철없는 유부녀에 대한 시자 돌림 가족의 눈길은 아주 쌀쌀했다. 시부모님은 (돈 버는)직장을 그만두고, (돈 쓰는)공부를 하는 며느리가 마땅치 않으셨다. 2대 독자인 아들이 5년이나 자식을 두지 못하는 것도 젊지 않은 며느리 탓이라 여기셨으리라. 다섯 명이나 되는 시누이들과 그들의 신랑들은 또 얼마나 군기를 잡으려 했던지. 신행 첫날 늦잠을 자고 아침밥을 하지 않은 일이 시누이들의 긴급 회동 안건이 되었다. 한번 가르쳐야겠다는 결심을 단단히 했던 큰시누이는 그즈음 대규모 가족 모임을 치르는 중에 "시집에서 모임이 있을 때 며느리는 손님이 아니다. 자네가 손님 행세하려 들어서 눈에 거슬렸다"고 일침을 가했다. 물론 내가 이런 얘기를 눈물을 찔끔거리고 듣고 있었을 리는 없고, 뭐라 당차게 되받아쳐서 큰시누이가 무지 당황해했던 기억이 있다. 5명의 시누이들과 벌인 기 싸움에서 밀리지 않으려고 내가 내린 결론은 '눈에서 멀어지면 마음도 떠난다'는 보편타당한 진리였다.

그 일 이후로 몇 년간 명절과 부모님 생신을 제외한 가족 모임에 나는 참석하지 않았다. 당연한 수순으로 부부관계도 데면데면해지기 시작했다. 남편은 "우리가 함께 꿈꾸는 미래가 있냐. 이런 상태라면 굳이 같이 살 필요가 없다. 각자 살면서 친구처럼 가끔 만나 술이나 마시자"고 말하기에 이르렀다. 아이고, 뭐 나도 그대에게 불만이 없었던 게 아님을 아실 텐데요, 하는 반감과 함께 인생을 새롭게 설계해야 하나 하는 생각에 머리가 깨질 듯 아픈 나날이 지나는 찰나, 난데없이, 불쑥, 덜컥, 어느 날 갑자기 임신을 했다. 참으로 절묘한 시기에 하늘에서 내려주신 아이였다.

임신과 출산 과정에서 얼마나 준비 안 된 임산부였는지를 드러내는 동네 창피한 사건이 많지만 이 얘기를 다 하자면 끝이 없으니 여기서 그만하자. 아무튼 나는 결혼하고 5년 만에 아이를 낳고 엄마가 되었다. '득남'으로 해결된 게 많았다. 떡하니 아들을 낳아 대가 끊길지 모른다며 노심초사하던 노부모를 근심 걱정에서 벗어나게 해드렸으며, 노산임에도 '르봐이예 인권분만'이라는 희한한 이름의 자연 분만으로 아이를 낳으며 애 낳는 고통을 아는 여자 대열에 끼었고, 부부 사이의 위기는 단박에 해소됐다.

너무 편하게 아이를 키웠다는, 반성

아이를 낳긴 했지만 아이를 온전히 내가 책임져야 한다는 생각은 안 했다. 당장 내 눈앞에 놓인 일거리를 처리하는 게 더 급해서 일터에 복귀한 이후 아이는 전주 친정 엄마에게 맡겼다. 사실 아이는 태어날 때 사경이라는 질환을 가지고 있었다. 사경은 목 근육이 뭉쳐서 고개를 돌리지 못해 한쪽만 보게 되는 병이다. 엄마 뱃속에 있을 때 자세가 불편했거나, 엄마의 심리적 스트레스가 전해졌거나, 급작스런 사고에 노출되었거나 등등의 원인이 있는데, 아무래도 나는 그 모든 것에 해당되었던 것 같다. 태어난 지 18일 만에 아이의 목에서 단단한 근육을 발견했고 병원에 가서 사경을 진단받고 물리치료를 시작했다. 출산휴가 중에는 내가 매일 데리고 다니며 치료를 했고, 직장에 복귀한 후에는 남은 물리치료를 위해 친정 엄마의 도움을 받게 된 것이다. 4개월 후 우리 품으로 돌아왔을 때 아이의 사경은 완치된 상태였다.

그리고 1년 정도는 같은 아파트 단지에 사는 분에게 도움을 받았다. 아이가 세 살 때부터는 당시 내가 다니던 국회 어린이집에 보내게 되었는데 거기서 꼬박 5년을 자랐다. 국회 어린이집은 보육료도 저렴하고, 주변 자연환경은 물론이고 보육 프로그램이나 늦은 저녁의 추가 보육시간도 탄력적으로 운영되어서 일하는 엄마에게는 정말 좋은 보육시설이다. 직장 바로 옆에 살아 출퇴근 거리가 5분밖에 안 되었던지라, 아이를 맡기고 데려오는 데 수월했고, 내가 늦어지는 때는 남편이 퇴근해서 데리고 들어가기에도 어려움이 없었다. 아이를 맡기는 동안 어린이집 학부모 운영위원장을 하면서 아이들에게 좋은 환경을 만들어주기 위해 할 수 있는 일을 찾아 하기도 했다. 국회 직영에서 민간기업 위탁으로 바꾸면서 보육 프로그램을 강화시키기도 했다. 그래서 비교적 수월하게 아이의 영유아기를 보냈다고 생각해왔다.

그런데 이 글을 쓰면서 새로운 자각을 하게 됐다. 나는 어쩌면 그 시절 아이를 키웠다기보다는 어린이집에 방치해두었다는 표현이 더 맞지 않을까 하는 생각이 든 것이다. 좋은 보육시설에서 아이를 키울 수 있었던 것은 행운이지만, 다른 한편 아이를 위해 내 시간을 충분히 투자하지 않은 채 그저 맡겨만 놓은 건 아니었나 하는 반성이 들었다.

기억해보니 이런 일이 있었다. 국회 보좌관으로 일하며 선거를 치를 때였다. 나는 매일 새벽을 넘겨야 하루를 마감할 수 있었고, 남편도 매일 정해진 시간에 퇴근해 아이를 돌보기가 어려운 상황이었다. 그래서 두 달간 아이를 친정집에 보낸 적이 있었다. 당시 여섯 살이었는데 아기 때와는 달리 이제는 엄마 일 때문에 떨어져 있다는 사실을 확실하게 알고 있었고 이에 대해 자주 분노를 표출했다. 전화를 할 때마다 소리 지르고 난리를 부렸다. 친정 가족들이 걱정할 정도였다.

이 글을 쓰면서 당시 상황을 돌이켜보며 아이와 대화를 나눠보니, 그때 떨어져 있었던 건 기억이 선명한데, 그 상황에 화가 났었던 사실은 까마득히 잊어버리고 있었다. 다행스러운 일이다.

어쨌든 영유아기는 이렇게 많은 사람들의 손을 빌려 아이를 키운지라 비교적 수월하게 보냈다. 정작 나의 고군분투 육아기는 아이가 초등학교에 들어간 이후에 시작된 것 같다.

아이가 초등학교 2학년 때부터 직장을 그만두고 쉬게 되었다. 그래서 아이의 공부를 봐주기도 하고, 함께 영화를 보러 다니고, 동네 친구들과 놀면서 아이 문제도 함께 상의하고, 학교 운영위원으로 봉사활동도 하고 그랬다. 1~2학년 때까지는 내가 원하는 방향대로 순조롭게 잘 가주었다. 물론 외동이 티를 내는 경우가 왕왕 있었다. 특히 1~2학년 때 담임선생님들이 공통적으로 한 얘기는, 질문을 해도 손을 안 든다는 것이다. '저요~ 저요~' 이런 거 우리 아이는 절대 안 한단다. 형제간에 사랑받기 위해 경쟁해본 경험이 없어서 정답을 맞혀 칭찬받겠다는 의지가 없다는 것이다. 어쨌거나 나는 우리 아이를 기본적으로 '순딩이'라고 생각했다. 1~2학년 때까지는 우리 집에서 큰 소리 날 일이 별로 없었다.

10대에 들어선 아들, 본성을 드러내다

그런데 아이는 '순딩이'가 아니라 '까칠이'였다. 1~2학년 시기는 아마도 '순딩이'가 '까칠이'로 변하는 번데기 시기였던 것 같다. '순딩이' 아들에 익숙했던 나는 숨겨놨던 보따리를 불쑥 꺼내놓듯 자기 개성과 기호를 마구 드러내는 아이에게 적응하지 못해 우왕좌왕했다. 그게 2학년, 3학년, 4학년으로 이어지면서 점점 잦아졌다. 아이는 자기 선언을 자주 했고, 나는 분노 조절을 못하고 악악거리는 상황에 자주 처했다.

일곱 살 때부터 아이에게 피아노를 치게 했다. 곧잘 했다. 그런데 3학년이 되면서부터 치기를 싫어하더니, 갈수록 너무너무 싫어했다. 심지어 내가 집에 없을 때 피아노 선생님이 오시면 문을 열어주지 않았다. 그 정도면 시키지 말아야 한다는 주변의 조언도 들었지만, 나는 뭐든 한 번은 위기가 있지 않나 싶어서 그 말을 귀담아듣지 않았다. 너무 하기 싫어할 때는 한두 달씩 쉬다가 다시 시작하는 식으로 지속하게 했다. 아이의 피아노 실력을 키우는 게 아니라 내 인내심을 테스트하는 시기였던 것 같다. 번번이 문을 열어주지 않아서 되돌아가야 하는 선생님께도 부끄러워 죽을 지경이었다. 달래고 어르고 설득하면서 나는 끝까지 피아노를 하게 할 생각이었다. 그 모든 걸 딛고 마침내 모차르트나 베토벤을 연주하는 아이를 만들고 싶었다.

그런데 어느 날 아이가 그런다. "엄마, 나 피아노 정말 죽어도 싫어!" 내 눈을 정면으로 보면서 아주 진지하게. 그래서 결국, 내가 졌다. 그 이전에 학습지도 끊고, 합기도 끊고 이제 피아노도 끊었다. 끊는 게 일이었다. 뭐든 흥미를 갖고 할 수 있는 게 있어야 할 텐데 왜 이렇게 지속하는 게 없지? 나는 짜증스러워졌다. 그래서 걸핏하면 충돌이었다. 충돌 과정은 대개 이렇게 진행되었다. 그즈음 내 페이스북에 올린 글이다.

"뭐야~~~~ 아앗 커억!!"

오늘도 어김없이 메조소프라노로 내지르다 볼품없이 갈라지는 삑사리~~로 하루를 마감한다. 뭐든 말 떨어진 후 하나 둘 셋! 안에 착착 진행되지 않으면 벌떡 일어나 '장난감 목도로 위장된 사랑의 매'를 찾아 두리번거리는 나의 눈. 아들내미는 제 방으로 들어가 문 꽝! 열쇠 찰칵! 이후엔 화 풀릴 때까지 고음에서 저음으로 계속되는 나의 씨부렁거림… 제 풀에 지쳐 더 이상 아무 말도 안 나온다 싶은 바로 그 순간 내 얼굴도 화끈 달아오른다.

'아이구~~~ 이건 아닌데… 오늘도 또 이렇게….'

교양과 기품을 갖춘 신사임당 같은 어미는 못 되어도 성질나는 대로 질러대는 원초적 본능의 뺑덕 어미를 추구한 건 아닌데 어째 점점 뺑덕 어미가 '형님~ 한 수 갈켜줍쇼~' 할 지경이 되고 있다.

배울 만큼 배우고 세상 이치 알 만큼 안다 싶은(암만~~) 엄마치곤 참 저질 훈육 방식이 아닐 수 없다. 아들내미 혼낼 때 고함 지르기, 윽박지르기, 위협하기, 벌주기 등 낫살이나 먹은 사람이 아랫사람을 힘으로 누르기 위해 쓰는 방법 외에 달리 써본 게 없는 것 같다. 책에 있는 것처럼 따뜻하게 눈 마주치며 타이르기, 한 박자 쉬고 대응하기, 짜증내지 말고 어른답게 엄하게 혼내기 등 그런 거 말이다.

오늘 어디 시청 화장실에 그런 말이 걸려 있더만. 자녀가 뭐가 됐다 자랑할 생각일랑 버리고 자녀에게 자랑할 만한 부모가 되라고. 그거 진짜 공감했는데 몇 시간도 안 돼 또 원초적 본능의 이빨을 드러내고 뺑덕 어미처럼 악악거리다니…. 이러다 아들에게 해고당할라!《엄마는 해고야》라는 동화책이 있다) 반성한다!! 오늘은~~~ 진심으로!!

이렇게 일이 벌어진 후 밤에 아이를 재울 때면 가슴 한구석에서 쓰르르 쓴 물이 흐르면서 이 작은 아이에게 도대체 무슨 화를 그 따위로 낸 것일까, 자책이 들었다. 사실 그렇게 한바탕 아이와 소란을 피우고 나면 며칠 동안은 우울했다. 성숙하지 못한 나, 아이와 세련된 관계를 만들어내지 못하는 나, 지 성질에 못 이겨 부르르 떠는 나…. 결국 다 내 탓이었다.

아들내미 이제 5학년이다. 얼굴엔 여드름이 조금씩 생기고 있고, 키는 부쩍 커서 내 귀를 넘어섰다. 발 사이즈는 250센티미터, 나보다 커진 지 오래다.

요즘엔 소리 지르기 한 판 같은 건 시작도 할 수 없다. 내가 말문이 막히는 상황이 많아지고 있다. 이를 테면 이런 식이다.

"학원 갈 시간이네?"

"아~ 학원 싫어."

"싫은 것도 참고 할 줄 알아야 잘하는 것도 생기지. 하고 싶은 것만, 좋은 것만, 쉬운 것만 하다가는 바보밖에 안 돼. 아무도 그렇게 쉽게 살지 않아. 엄마가 봐줄 수 있는 건 봐주는데 갈수록 너무 맘대로라 엄마가 고민이다."

"학원에 가면 재밌는데 학원 가기 전에 내가 하던 거 멈추고 가는 건 너무 어려워. 누가 있으면 가는 게 쉬운데 나 혼자 있으니까 멈추고 가는 게 짜증나고 하기 싫고 그래."

"다른 친구들도 집에 항상 엄마가 있어서 챙겨주는 건 아니잖아. 이제 5학년이면 스스로 알아서 할 수 있는 나이야."

"난 5학년 된 지 세 달도 안 됐고 그런 건 힘들어. 다른 애들은 집에 엄마가 있어서 만날 집에 갈 때 엄마가 반겨주니까 기쁘지만 나는 엄마가 없으니까 그냥 있어야 한단 말이야. 그래서 더 가기 싫고 짜증난다고."

"……." (그래. 그건 그렇겠다…)

얼마 전 지방 출장 중 운전하다 불현듯 학원 갈 시간인 것 같아 잠시 멈춰 서서 문자를 보냈다. 친한 친구들이 다 다닌다며 저도 가겠다고 해서 시작한 영어학원이었다. 스스로 결정한 일이기에 기쁜 마음으로 보냈다. 그런데 잘 안 간다. 한 두어 달 다닌 후로는 본인 스스로 결정했다. 하루 걸러 하루만 가기로. 이러다 뭐든 대충하려 드는 건 아닌지 걱정이 들었다. 그런데 최근 스카우트 끊기 소동은 몇 가지 중요한 교훈을 남기며 아이와 새로운 관계를 맺게 해주었다.

아이의 자기결정권을 인정하기까지

우리 아이가 다니는 초등학교는 파주 교하에 있는 공립학교다. 졸업생을 이제 겨우 3회 배출한 신생 학교라 시설도 훌륭하고 환경도 좋다. 그런데도 학생 수가 적다. 한 학년에 3반밖에 안 된다. 아이가 학교에 들어가고 2년 정도 학교 운영위원을 하면서 살펴본 바로는 가정 형편에 구애받지 않는 평준화 교육을 하는 게 이 학교의 장점이다. 그런데 그게 또 기피 이유이기도 한 것 같다. 아무튼 이 학교에서 진행하는 특별한 프로그램으로 스카우트가 꼽히는데 4학년 때부터 선택할 수 있다.

우리 아이는 4학년 때부터 스카우트를 시작했는데, 처음부터 힘들어했다. 일단 빳빳한 천으로 된 유니폼과 각 잡힌 모자를 싫어했다. 무엇보다 주말에 있는 체험학습을 못 견뎌 했다. 심지어 스카우트는 군대란다. 스카우트 활동을 하는 건 군대를 두 번 가라는 소리란다. (네가 군대를 알아? 나도 모르지만!)

그렇게 징징대며 어렵게 4학년을 마치고 5학년이 된 후 스카우트가 다시 우리 가족의 고민거리로 떠올랐다. 아이 아빠는 규율, 훈련, 자기 단련, 인내 같은 걸 학습할 수 있는 기회이니 5학년 때도 스카우트를 하라고 강력하게 권했고, 아이는 안 한다고 버텼다. 그러다 결국 4학년 때 친한 친구들이 스카우트를 함께 하게 되면서 아이도 마지못해 스카우트를 시작했는데 오래 못 갔다. 스카우트 집회가 있을 때마다 아이의 얼굴은 울상이 되었고, 몸에 꽉 끼는 단복 바지를 똥 싼 바지마냥 엉거주춤 걸쳐 입고 어기적대며 집을 나서는 모습은 정말 못 봐줄 지경이었다.

하긴 아이는 3학년 이후로 추리닝만 입고 산다. 1~2학년 때는 내 취향대로 입혔지만, 3학년이 되면서부터는 자기 취향대로 입는

다. 청바지, 면바지, 기타 각 잡힌 바지는 다 거부했다. 오로지 추리
닝뿐이었다. 그런 아이에게 군복 재질의 스카우트 바지를 입히자
니 못할 짓이었다.

결국 아이가 선언했다. 결코, 절대, 스카우트를 하지 않겠노라고.
나는 아이가 스카우트를 그만두게 하는 게 좋겠다는 생각을 했다.
그런데 이번엔 그냥 그만두게 하면 안 될 것 같았다. 원하는 것을
주는 대신 뭔가 제가 치러야 할 대가가 있다는 것만이라도 경험하
게 하고 싶었다. 그래서 스카우트를 그만두고 싶으면 다음 집회가
있기 전까지 2주 동안 매일 일기를 쓰라고 했다. 일기를 쓰면서 왜
스카우트가 싫은지 자기 생각을 정리하고, 매일 매일의 생활에 대
한 생각을 꾸준히 적어 나가면 엄마도 그 결정을 받아들이고, 아빠
를 책임지고 설득하겠노라고 했다. 그리고 스카우트 그만둔 후에
는 일주일에 세 번 일기를 계속 쓰기로 하자고 했다. 아이는 이 협
상을 받아들였고, (놀랍게도) 성실하게 수행해냈다. 남편도 아이의
의견을 받아들이는 데 흔쾌히 동의했다. 나는 담임선생님과 스카
우트 대장 선생님께 전화를 해서 상황을 설명드리고 동의를 받았
다. 그렇게 스카우트 소동은 정리되었다.

이 에피소드는 아이와 나의 관계를 여러 가지 면에서 재정립해
주었다. 일단 아이는 엄마와 아빠가 자기 문제에 대해 쉽게 생각하
고 마음대로 결정하지 않는다는 것에 대한 신뢰를 가지게 되었다.
제가 하고 싶지 않은 일은 하지 않을 권리가 있다는 사실을 부모가
인정했다는 당당함도 얻은 것 같다.

나로서는 우리 아이가 이제 자기 문제를 스스르 결정할 수 있는 나이가 되었음을 인정하는 계기가 되었다. 아이에 대한 내 기대는 그야말로 일방적인 것이며, 만족될 수 없는 것임을 깨닫게 되었다. 내가 원하는 것일랑 뒤로 밀어두고 아이가 원하는 아이의 삶이 무엇인지 세심하게 들여다봐야 할 시기가 된 것이다.

이 글을 쓸 즈음 학교 상담 기간을 맞아 담임선생님과 상담을 하게 되었는데 일기 쓰기에 대한 다른 이야기를 들었다. 처음부터 담임선생님과 상의를 했던 일이라 스카우트 문제는 이렇게 마무리했노라고 전했다. 담임선생님의 의견은 나와 달랐다. 일기를 억지로 쓰게 하지 않았으면 좋겠다는 것이다. 아이가 일기를 쓰겠다는 약속을 지키기 위해 일기를 지어내서 쓰기도 한다는 것이다. 사실 나도 내용을 보면서 '약속을 지키기 위해 노력하는구나'라고 생각했는데, 선생님은 하기 싫은 일을 하면서 스트레스를 받는 것으로 여기고 있었다.

"어머니, 제가 보기에 아이는 형식적인 걸 정말 싫어해요. 줄 세우는 것도 싫어하고, 손 들어 정답 맞히는 것도 싫어하고. 그래서 아예 판을 넓게 펼쳐놓고 그 안에서 자기가 하그 싶은 걸 하도록 유도하는 게 훨씬 더 좋을 것 같아요."

선생님에게 그 말을 들으며 정말 감사했다. 선생님의 제안을 받아들여 그날 저녁 아이에게 말했다. 일기는 하고 싶은 대로 하라고. 이번 일을 겪으며 아이 문제에 대해서는 뭔가 끝정하기 전에 충분히 고민하고 또 고민하고 반성하고 수정하고 물러서는 일이 얼마나 필요한지 실감했다.

요즘은 내가 무언가를 지시하면 아이가 되묻는다. 엄마는 어렸을 때 그렇게 했냐고? 엄마는 어렸을 때 그걸 잘했냐고? 그걸 다 잘했는데 왜 지금 이렇게 사냐고? (어휴, 증말 @$@$@%~)

책을 보니 그런 질문이 나오는 건 당연한 거란다. 아이가 부모 말에 토를 달고, 자기 의견을 얘기하기 시작하는 건 잘 성장하고 있다는 신호이며, 그 신호를 기쁘게 받아들여야 한단다. 부모가 고민해야 할 것은 아이가 성장하는 과정을 어떻게 하면 조금 더 반짝반짝 윤기 나게 해줄 것인가, 라고 한다. 부모 속이 뒤집어져도 자꾸 반문하게 하고, 자꾸 토를 달게 해야 한단다. 이 모든 것이 몸에 익을 때까지 도대체 얼마나 잦은 '부르르'와 '파르르'를 반복해야 하는 걸까.

내가 선 자리에서 나에 대해 말하기

내 이야기를 잠깐 하고 싶다. 아이와 크고 작은 소란을 벌일 즈음 나는 직장생활을 마감하고 새로운 내 일을 만드느라 몰입하고 있었다. 내 일을 새롭게 찾는 과정은 내가 그동안 걸쳐왔던 옷을 다 벗어버리고 알몸으로 세상과 다시 맞서는 과정이었다. 내가 뭘 할 수 있을까 하는 자기불신으로 의기소침해졌다가, 나는 뭘 해도 안 될 것 같다는 불안감으로 고개를 떨어뜨렸다가, 이제까지 살면서 의미 있게 쌓아온 것이 아무것도 없다는 허무함으로 우울해졌다가….

그런 못난 감정의 소용돌이 속에 내 알몸을 던져 놓고, 그 안에서 허우적대던 시간이 있었다. 그 와중에 살아남고 싶어서 나는 미친 듯이 책을 읽고 공부했다. 책 속에 길이 있다는 말, 정말이지 나는 가슴으로 믿는다. 살아남고 싶은 마음이 절실한 만큼 뭘 읽어도 가슴에 팍팍 와 닿고, 머리에 쏙쏙 들어왔다. 특히 정신이 번쩍 들게 만든 것은 나보다 훨씬 열악한 환경에서 '자기만의 것'을 만들어낸 사람들의 스토리였다. 성공 스토리건, 자서전이건 '자기만의 것'을 만들어 세상에 내놓은 사람들의 스토리가 내게 강한 에너지로 전해졌다.

그렇게 시작해서 마케팅, 브랜딩, 스토리텔링으로 이어지는 책 읽기는 꽤 오랜 시간 지속되었고, 그 과정에서 나는 내 일을 찾았다. 스토리텔링 콘텐츠와 캐릭터를 개발하는 '마이스토리돌'을 만들어낸 것이다.

나는 내 일을 찾아낸 과정을 가끔 이렇게 설명한다. 회오리바람 속에 정신없이 빨려 들어갔는데 한참을 돌다보니 어느 순간 회오리바람의 그 고요한 시작점에 다시 내가 자리 잡고 있었노라고. 그것은 '네가 서야 할 곳이 바로 이곳이다'라는 명을 받은 느낌이었노라고. 내가 선 자리에 내 일이 있었노라고. 그렇게 내 일을 만들고 뒤를 돌아다보니 이게 웬일인가. 아무것도 없는 줄 알았던 나의 과거가 점점이 이어져 나의 오늘로 연결되어 있지 않은가.

머릿속에서 구상한 것을 실행하고, 하나하나 성과를 만들어나가면서 나는 희열을 느낀다. 세상천지에 이것만큼 행복한 일은 없다는 사실을 깨달았다. 앞으로 사업을 확장해가면서 험한 일도 겪을 수 있을 테지만 기꺼이 견뎌낼 마음의 준비가 되어 있다. 고난이 크면 클수록 그 결실도 클 것이라 나는 믿고 있다. 그게 내 인생의 이야기를 풍부하게 만들어줄 것임을 알고 있다.

마이스토리돌은 결국 나에 대한 질문으로부터 시작해서 나를 찾는 과정, 그리고 나를 다시 성장시키는 과정에서 만들어낸 나 자신이다. 내 브랜드다. 내가 내 일을 찾아낸 과정은 현재 내가 일을 진행하고 있는 과정에서 그대로 반복된다. 내가 지금 하고 있는 스토리텔링이라는 이 오래된 말하기 방식이 새롭게 부각되는 것은 결국 개개인이 자신의 개성을 가지고 자신의 시선으로, 자신의 경험으로, 자신의 입으로 말하는 것이 중요해졌기 때문이다. 스토리텔링이란 그래서 곧 나에 대한 질문에서 시작된다. 나는 누구인가, 나는 어디에 서 있는가, 내가 선 자리에서 나를 돌아보기, 나를 이해하기, 나를 사랑하기, 나에 대해 이야기하기.

이 과정을 겪으며 남편과도 좋은 관계가 되었다. 온전히 나 자신에 대한 애정을 회복하고 난 후에 나를 둘러싸고 있는 가장 가까운 사람들에 대한 소중한 마음이 새롭게 솟아났다. 내가 선 자리에 대한 확실한 인식은 나를 둘러싼 관계들에 대한 애정으로 변화되었다. 이것은 정말 나에게 중요한 변화였고, 모든 불필요한 감정적 갈

등에서 해방되는 것을 의미하기도 했다. 나는 비로소 제대로 뭔가 할 수 있는 준비가 되었다. 비로소 철이 든 것이다.

자기주도적인 아이로 키우고 싶다면

이 모든 폭풍 속의 질주와 같은 경험을 통해 내가 명확하게 알게 된 것은 자기를 잃지 않고 자기를 살리면서 살 때 우리는 가장 자유롭고 행복하며, 가장 창의적일 수 있다는 사실이었다. 이 사실을 이렇게 내 몸 세포 하나하나가 인식하게 되니 내 아이도 그런 삶을 살 수 있었으면 좋겠다는 생각을 더 하게 된다. 가능하면 좀 더 일찍부터 그렇게 살기 시작하면, 더 많은 자유로운 경험을 할 수 있을 것이고, 더 많은 학습도 할 수 있을 것이기 때문이다. 그런데 이 문제는 항상 실천 과정에서 딜레마에 빠진다.

어떻게 하면 사회가 요구하는 것, 트렌드가 유도하는 것, 동네 친구들이 전하는 것들에 흔들리지 않고 우리 아이단의 창의적인 미래를 만들어나갈 수 있을까. 아, 그건 정말이지 또 다른 과제인 것 같다. 분명한 것은 조금 더디고 속 터지는 일이 많더라도 아이가 원하는 삶을 스스로 만들어나갈 수 있을 때를 기다리고 지켜주고 싶다는 사실이다. 그 과정은 분명 아이에게뿐만 아니라 부모인 우리에게도 학습의 과정이요 훈련의 과정일 것이다. 함께 그 과정을 지나가면서 우리 각자 인간으로서 한 단계 성장할 수 있다면 더없이 좋은 일이다.

우리 아이가 커서 어떤 사람이 되면 좋을까 생각해본다. 그런데 아무리 생각하고 또 생각해봐도 아이가 어떤 직업을 가졌으면 좋을지에 대해서는 그림이 잘 그려지지 않는다. 한때 과학자를 장래 희망으로 적는 아이를 보면서 내심, 실험실에서 하루 종일 같은 실험을 하면 지루하지 않을까 싶었고, 컴퓨터 게임에 빠져서 컴퓨터 프로그래머가 된다는 얘기를 할 때는 그게 신종 3D 업종인데, 하는 마음이 들기도 한다. 무슨 직업을 갖든 그건 전적으로 아이의 몫인 것 같다.

다만 내가 우리 아이의 미래에 대해 행복한 마음으로 그려보는 건 이런 모습이다. 내내 열정에 들떠서, 뭔가에 몰입해서, 땀을 뻘뻘 흘리며, 아무것도 없는 곳에서 제 몫의 징검다리를 만들고, 때론 길이 아닌 곳에서 시작해서 길을 내고, 그 길을 따라가면서 곳곳에 자기 세계를 만들면서 사는 모습. 죽는 날까지 겸손하게 무언가를 배우며 살다가 가장 가까운 사람들과 사랑을 듬뿍 주고받으며 마무리하는 삶. 그런 모습 말이다. 그렇게 살다 보면 인생의 고비 고비에서 많은 이야깃거리를 만들 수 있을 것 같다. 그것은 또한 내가 꿈꾸는 나의 인생이기도 하다.

내 몫의 삶을 충분히 살면서 그 행복의 바이러스를 조금이라도 주변에 전해주는 것이 인간답게 사는 법, 행복하게 사는 법, 행복하게 죽는 법이라고, 마흔 중반에 내가 내린 결론이다. 그걸 아는 이상 내 아이도 그런 삶을 누릴 수 있도록 도와주는 건 당연한 일이다. 그렇게 살 수 있도록 도와주는 일은, 참으로 고맙게도 아이에게 집중하지 않아도 된단다. 《부모 혁명 스크림프리》라는 책을 보니 이런 말이 있다.

"아이가 자기주도적인 어른으로 성장하기를 바란다면 부모가 직시해야 할 진실이 있다. 바로 부모가 아이를 그런 사람으로 만들 수는 없다는 것이다. 실제로 아이를 자기주도적인 어른으로 키우려고 애쓸수록 아이가 그렇게 성장할 가능성은 점점 더 줄어든다. 그렇다면 해답은 무엇인가? 바로 부모가 늘 자기 자신에게 초점을 맞추는 것이다. 아이를 자기주도적인 어른으로 키우고 싶다면 먼저 부모가 그렇게 되어야 한다."

아이를 잘 키우기 위해서는 나는 나에게 집중하면 되고 남편은 남편 자신에게 집중하면 된단다. 나 자신을 먼저 사랑하고 내 몸을 건강하게 관리하고 내 일을 열정적으로 해내고, 내가 행복해져야 한단다. 각자 자기의 삶에 충분히 집중하면서, 그 몰입의 에너지가 주는 행복한 기운을 서로 나누면서 성장하면 된다는 것이다. 나로선 아이에게 집중해서 가르치는 알파맘 식 교재보다 이편이 훨씬 쉽고 좋다.

스카우트 소동 이후 아이와 관계가 정말 좋아졌다. 아이에게 조급하게 소리 지르는 대신 조금 더 기다리는 것이 모든 문제를 수월하게 해결해준다는 사실을 완전히 깨달았다. 아침에 아이를 깨울 때도 절대 큰소리 내지 않겠다고 결심했는데, 잘 지키고 있다.

그러고 보니 아들과 나누는 대화도 깊어졌는데, 그 깊이는 아이에게서 나오는 게 아니라 나에게서 나오는 거였다. 과거에는 아이 얘기를 많이 들으려고 했다면 이제는 내 얘기를 솔직하게 많이 하기 시작한 것이다.

어제 저녁엔 전날 먹다 남은 닭갈비 양념으로 볶음밥을 만들어 프라이팬 채 두고 함께 먹으며 이런 이야기를 나누었다.

"엄마는 언제 가장 창피했어?"

"엄마는… 스물일곱인가… 라디오 방송에 출연한 적이 있었는데, 내용을 제대로 파악하지도 못하면서 줄줄이 읽는다고, 방송 망치려고 작정했냐고 피디가 막 소리 지르고 혼내서 너무너무 창피했어. 그거 잊어버리는 데 1년도 넘게 걸렸어. 아휴~ 지금 생각해도 열 받네. 그 피디 언제 만나서 복수해야 하는데."

(빙긋이 웃으며) "어~."

"너는?"

"나는 나한테 얘기한 줄 알고 대답했는데 다른 사람한테 얘기한 거였을 때…."

"푸하핫~ 그게 뭐가 창피해? 그냥 웃으면 되지."

"히힛~"

소질 없는 엄마와
능력 있는 아들의
동거

이숙인 • 라자요가 지도자

이숙인

웅진출판을 시작으로 몇몇 출판사에서 일하다가 어린 시절부터 꿈이던 교사로 10여 년간 머물렀다. 그때 경험을 기반으로 첫 장편 소설 《학교는 다다》를 펴내고 작가가 되었다. 소극장 뮤지컬 〈밥 퍼? 랩퍼〉의 대본을 썼으며, 장편 《라일락 와인》을 펴냈다.

이어 도시형 대안학교 하자센터 내 하자작업장학교의 교사로 일하다 그 학교의 교감을 끝으로 모든 공적인 활동을 서서히 접기 시작했다.

이후 이런저런 크고 작은 회사를 전전했고, 프랑스식 파이와 케이크를 직접 굽고 커피를 내리며 작은 카페 주방에서 몇 해 동안 일했다.

지금은 홍대 부근에서 작은 요가스튜디오를 운영하고 있으며, 전통 요가 경전의 현대적 해석과 번역 작업에 집중하는 동시에 라자요가 에세이를 집필 중이다.

프롤로그

아마 몇 십 년쯤 세월이 흐르면 한글은 지금보다 훨씬 간단명료해질 터이다. 축약과 말 줄임이 통신 언어를 통해 급속히 확산일로에 있고, 장황한 묘사나 감성적인 디테일은 글로벌한 시대에 그리 어울리지 않는 듯도 하니 말이다.

어느 날 아들이 여친(여자 친구)의 페북(페이스북)을 내게 보여줬다. 간단명료하고, 그러면서도 감정을 두드린다는 점에서 간결과 축약이란 언어 사용의 미덕을 충분히 엿볼 수 있었다.

다음은, 며칠 전 우리가 모바일로 나눈 대화를 아들 여친이 '캡처'하여 화면에 올린 것이다.

여친: ㅋㅋㅋㅋㅋ 어머니, 아들을 제게 주세요.

나: ㅋㅋㅋㅋㅋㅋ!

아들, 옆에서 두 사람의 대화를 기가 막혀 하며 보고 있다.

여친: 아들을… 주십쎄!!!
나:(젊은 처자의 패기 넘치고 박력 있는 말투에 한참을 기분 좋게 바닥
에서 뒹굴뒹굴하며 웃다가) 오오, 그러려무나.
그래그래, 이제 난 자유닷~!
여친: ㅋㅋㅋㅋㅋㅋㅋ

나는 그것도 모자라 이렇게 덧붙이기까지 했다.

나: 그래, 가지렴, 영워니…! ㅋㅋㅋㅋㅋ

188센티의 키와 눈 길게 찢어진 것 위주로 감안, 좀 부풀려 조인
성…으로까지 '이따금' 지인들 사이에 불리는 25살 다 큰 아들, 내
옆에서 힘없이 중얼거린다.

아들: 아아… 왠지 한 번에 삽으로 떠 넘겨지는 기분이다…ㅜㅜㅜ;;
아들 여친, 나 동시에: ㅋㅋㅋㅋㅋㅋㅋ!
나: (조금 진지 모드로다가) 사실 어버이날 손수 만들어준 과일 젤리
선물도 넘 감동이었고, 참 고맙고…(만난 지 두 달도 안 된 사이에 난 벌

써 어버이날 선물씩이나 받았다는 거 아닌가…!) 남친 아프다고 직접 밤 길에 집 부근까지 와서 전해준 청포도 송이랑 레모네이드와 약도 격하게 고맙고… 아아, 여러 모로 네가 참으로 듬직하구나. (그래서 난 그 레모네이드 빈 병을 식탁 위에 두고 한 20여 일 이상을 그저 바라보며 안 버리고 있었다. 빈 레모네이드 병도 마음도 너무 이뻐서…ㅎㅎㅎ)

　여친 : ♥♥ 아, 감사합니다앗!!

　나: 그래그래. 그럼 둘이 달달한 시간 보내렴. 난 이제 내 방 가서 놀 테니. 바잉 ♥♥

이상은 아들아이가 요즘 만나고 있는 여자 친구와 아들의 엄마 인 나, 둘의 대화창을 거의 그대로 재생한 것이다.

"서운하지 않으세요? 둘만 살다가…!?"

"아무리 그래도 아들은 여친 생기면 끝이래요. 좋은 날 다 지나셨 ~네~에."

　아니, 아니, 아니!!! 정말, 정말, 정말!!! 나, 조금치도 개미 눈곱만 치도 서운하지 않다. 아무리 아들 가진 엄마들이 이 사실, 믿지 않 으려 해도 어쩔 수 없다.

　실은 지난봄부터 달달한 연애 세포가 우리 둘 사는 공간을 오색 나비 날개가루처럼 포실포실 혜실혜실 가득 채워주었다. 거기서 어찌나 색색가지 노오랗고 달달하며 사랑스러운 공기가 사방으로 퍼져 나가던지… 행복했다. 내 아들 연애의 모든 것, 그리고 본격적인 생애 첫 연애…!

그 까닭은 이런 넋두리를 벌써 2, 3년째 아들에게 귀에 못이 박히도록 들어왔기 때문이다.

"엄마 있어도 외로워!!"

그건 바로 내가 수년 전 여러 필자들과 함께 쓴 에세이《엄마 없어서 슬펐니?》의 반전 버전인 것.

하하하. 이제 그렇게 됐다. 제 곁에 엄마 없어서 세상 가장 불행한 남자아이 포스 팍팍 풍기던 아들 녀석이 이젠 아니란다. 더 이상 엄마 갖고는 안 된단다. 벽을 북북 긁으며 외롭고 슬퍼서 아주 미치겠단다. 처음엔 아, 다 컸구나, 싶다가, 서운, 은 진짜 또 아니고, 나 또한 점점 그 고통이 공감되더니, 다소 심각하게 느껴졌다. 하여 밤마다 달 보며 물 떠놓고 빌지만 않았을 뿐, 제발 아이가 연애 좀 했으면, 긴 한숨 내쉬며 잠든 적 한두 번이 아니다.

그랬다. 그런데 사실 인간은 본디 외롭다. 엄마 갖고도 외롭고 나아가 제 가족 있어도 외롭다. 하지만 그 과정에서 일단 연애를 해야 덜 외롭다는 것이 이치이자 순서이니 난 아들의 연애를 전심으로 빌었고… 축복하며 기원했다.

자, 일단은 거기까지, 바로 그에 관한 이야기를 들려드리려 한다. 엄마 없어 슬펐던 아이가 다시 나를 찾아왔고, 우리가 다시 함께 산 지 어언 12년, 이젠 엄마 있어도 외로운 나이가 되기까지. 그동안 우리 사인 정말 많이 변했다. 그리고 우린 조금은 자랐다. 서로 마주 보며 한 뼘씩 한 뼘씩, 그렇게 재고 웃고 울고 토닥이며… 나름 씩씩하게.

엄마 소질 결핍 증후군

지금도 깨끗이 인정한다. 아무리 변명해도, 아니 변명할 의사조차 별로 없는 편인 나는 철저히 모성이 부족한 사람이다. 아니, 모성의 존재, 그 자체를 깊이 혐오하고 부정하는 편이었다. 그 이유는 물론 많은 이들이 그러하듯 나의 '나쁘고 지독한 엄마' 때문이었다. 그런데 우리 모녀를 아는 혹자가 이 글을 읽는다면 기가 찰 노릇일지 모른다. 아니 그 유명한 엄마, 열두 재주 지닌 그 엄마, 말이야? 하나뿐인 딸을 그렇게 극성맞게 챙기고 사랑했는데, 뭐야? 이 덜떨어진 딸이란 여잔… 이 따위로 제 어머닐 깎아내리다니…

그렇다. 깎아내리는 중이다. 그건 엄마가 입버릇처럼 했던 말, 그 말의 저주에 나는 아직까지도 뒤끝 작렬, 복수라도 하는 건지 모른다.

"태생이 게으른 네가 날 안 만났으면 지금쯤 깡통을 찼거나, 시집 가서도 만날 얻어맞고 집에 와서 징징거렸을 게다!"

하지만, 대학생이 되고 엄마가 더 이상 이해하지 못하는 책을 읽기 시작하고, 엄마보다 말을 몇 배나 조리 있게 잘하고, 게다가 월급, 이란 걸 감히 여자인 내가 벌어 오는 시점부터, 그 말은 나와 현저히 대조적으로 붉고 두툼한 엄마의 관능적 입술 사이에서 쑥, 목구멍 속으로 기어들어갔다. 하지만 내 뇌리엔 언제나 나란 여잔 쓸모없고 게으르고 못생겼다, 는 자의식이 강하게 박혀 있는 채였다. 게다가 내가 혹여 엄마가 된다면 내 아인 천하에 가장 불쌍하고 지지리 복도 없는 아이일 거라는 저주 아닌 저주를 그 독설가 모친으로부터 듣고 자랐으니 일찌감치 숭고한 모성이란 것, 내게 존재할 리 없었다. 그런데 반전은 다음에 있다.

매우 근대적 길을 가열차게 걷던 신여성이던 엄마는, 갑자기, 돌연, 그럼에도 불구하고, 넌 '소질 없는' 천생 여자의 길과 엄마의 길 또한 걸어가야 한다는 강박 어린 주문을 수시로 우리 모녀 모두에게 걸기 시작했다. 아마 한때 강남구 하고도 논현동 살던 시절, 할일 없이 돈과 시간만 남아돌던 몇몇 이웃들 말이 엄마 귀에 들어와 앉으면서부터였을 것이다.

"아유, 따님이 그 유명한 여대 다닌다면서요? 그것도 사대라며? 가정대보다 요즘은 사대랑 약대지이…!"
"어쩜, 지나가다 봤는데 키도 크고 인물도 좋데. 내가 중신 좀 설까?"

그렇게 해서 헤진 운동화에 낡은 청바지만 끌고 입고 다니던 나,

생전 처음 엄마 손에 잡혀 하야트며 롯데, 신라 호텔의 커피숍, 이란 델 출입해봤다. 도합 따─악 세 번. 그때마다 프릴 원피스에 꽃가라 투피스에, 정말 돌아버리는 줄 알았다. 하지만 처음부터 반항은 어려웠다. 엄마의 서슬이 어찌나 퍼랬는지 말이다.

그러니까, 당시 우리 엄마의 팽팽 돌아가던 멘탈, 은 또 이렇게 전환된다. 자, 이제 넌 내 덕에 많이 컸다. 앞으론 돈도 많이 벌고 더 유식하게 되고 또, 결혼도 잘하고, 쭉 효도도 하며, 매우 좋은 엄마까지도 되거라. 하지만 넌 자질이 본디 아주 부족하니 이제부터 내 말을 잘 들어라, 가 그녀, 엄마란 이의 골자였다. 더욱이 피부도 눈처럼 새하얗고 몸매까지 늘씬한 데다 세상에서 가장 똑똑하며 박꽃 같은 잇속을 자랑하는 당신보다 딸인 나는 너무도 못생겼고 피부도 까맣고 한심하니까, 그런데 이웃들이 눈이 삐어서, 예의상 학벌 하나 달랑 보고, 아마 잘난 엄마 보고 틀림없이 그런 말을 하니, 자, 이제 이 옷을 갖춰 입어라, 이걸 신어라, 이렇게 말해라, 웃어라, 하는 강요가 본격적으로 시작된 시점이었다.

하지만 그 주문과 규칙은 내가 억지로 끌려 나간 세 번의 맞선 자리에서 매번 망신살 뻗치는 '깽판'을 치면서 서서히 사라져갔다. 그리고 그녀는 죽도록 분노했다. 주요 동기가 숨 막히는 집 빨리 나오고 싶어 내 맘대로 마구 거행한 결혼식 전날, 혼절하고 악을 쓰며 자해하던 모습을 끝으로 그 분노는 무력감으로 변질되었고 말이다.

그날 이후 그녀와 나는 영영 돌아올 수 없는 서로의 길을 꼭 정

반대로 걸어간 셈이 되었다. 그렇게, 완전히 엇나가는, 세상에 하나밖에 없는, 엄마를 배신하고 엄마 표현으로 '가난한 깡패나 양아치 같은 삶'을 사는 이해할 수 없는 여자로 나 역시 급속히 변모해 갔다. 그로부터 나는 엄마를 탐욕스런 잉여, 취급했고 엄마는 나를 늘 빨갱이 같은 년, 이라 불렀다. 우린 아직 근본적으로 화해하지 않은 것 같기도 하다. 그녀는 한 번도 나를, 내 삶을 진심으로 인정한 적 없으니 말이다. 아래는 그리하여 요즘 전화기 너머 주로 던지는 그녀의 다이알로그 한 대목,

　나: 저예요, 잘 계시죠?
　엄마: 쯔쯧, 남편 없이 혼자 열심히 사는 널 보면 남편 있는 나야 복이 넘치고 흐르지 뭐니. 그러니 내 걱정은 조금도 마라. 네 아버지랑 난 세상에서 너 하나만 그저 걱정이다. 너 때문에 발 뻗고 제대로 죽을 수나 있으려나 모르겠다.
　나: 아아, 대체 왜!?

난 슬슬 열이 오르기 시작한다. 엄마 아플까 봐, 이 삼복더위에 혹여 지칠까 봐 모처럼 짬 내서 전화 드렸는데, 지독한 최 여산 여전히 내 속을 북북 긁는 것이 아닌가. 아주 지능적으로다가.

　나: 왜 내 걱정을 해? 잘만 사는구먼.

내 목소리는 점점 격앙되기 시작한다. 도대체 어떻게 평생에 서로 통, 하는 기분이란 게 도무지 없는 사이일까, 우린… 세상에 단 하나만 있는 모녀, 사이인데 말이다.

엄마: 아, 시끄럿!! 너만 아무 일 없으면 난 아무 걱정이 없어! 에-이-고-오… 엄마 동창 누구네 딸은 강남 압구정동 아파트에, 어디 해외 별장에… 부모랑 형제 다 데리고 비행기에 뭐에… 에이고…. (아, 이 대사 이미 20년 전 버전, 요즘은 그저 일찍 죽을란다, 가 주요 레퍼토리다.)

이건 대체 날 위하는 건지, 자신의 복 많은 인생 자랑하는 건지, 혼자 늙어가는 딸 위로하는 건지, 뭐, 점점 아무 느낌이 없어지는 대화이다.

나: 어머니, 아니, 최 여사, 혹시 내가 전화하면 두서워? 뭐 큰돈이라도 땡겨달라고 할까 봐?
엄마: 애가 무슨 소릴…!
나: 알았어, 나 이제 전화도 안 하고, 인사도 안 하고 죽은 듯이 살게. 좋아, 이제 하나뿐인 딸, 없는 셈 치셔!
엄마: 으이그… 여전히 쌩속이셔. 어쩌나 봤더니 아직 애기네. 애기야. 야! 너 아직 멀었어. 무슨 선생은 얼어 죽을.
나 : 아-아-악!!

엄마: 왜 이래, 교양 없이… 목소리 줄여. 그럼 이만 끊는다.

딸깍, 나는 급 위산이 콸콸 분비되고 엄마는 빙글빙글 수화기 너머 씨익, 웃고 있겠지. 이것이 축약된 우리 모녀 잔혹사의 주된 전모다.

그러니 나에게 모성, 이란 기억이 좋을 리가 없다. 아니 새삼 그런 소양, 가지고 싶지도 않았다. 그런데, 결혼은 대체 왜 했던 걸까. 미안하지만, 즉 전 남편과 그의 가족들, 나의 아들에게 매우 미안한 말이지만, 그건 나의 실수, 분명하다. 도망, 도 맞고 피신, 도 인정한다. 그리고 남편을 포함, 너무도 좋은 사람들을 만나, 일생에 없을 안정감도 맛보았고 우량한 종족에 속하는 (하하하) 멋진 아들도 얻었다. 그러므로 결혼은 내게 도망만 다니던 모성의 경험, 그 학교에서 성장하기 위한 하나의 통과의례가 아니었나, 지금은 생각하게 된다. 결국 누구누구의 반려, 라는 타이틀은 자격 미달, 혹은 알 수 없는 어떤 세계로의 줄기찬 끌림, 으로 인해 반납하고 말았지만.

엄마, 이제 제발 집에 좀 있어 줘

머리털 나고 처음으로 일반 학교(나는 당시 대안학교 교사였으므로, 학교를 주로 그렇게 나눠 부르곤 했다)에 아이 엄마 자격으로 방문을 했다. 재혼한 아빠를 떠나 아이는 자발적으로 우리 두 모자 헤어진

지 3년 만에 내게 함께 살자고 왔고, 그로부터 나는 애초 이혼을 할 때 결심과 달리 세상에서 둘도 없는 엄마 노릇에 느닷없이 진입하게 되었다.

평소의 신념과 교육관대로 나는 아이를 거의 '방치'하며 지냈다. 처음 아이가 중학생이 되어 같이 살 때는 분당에서 영등포까지 통근거리 때문에도 그러했고, 여의도로 이사 와서 일터와 집이 가까워졌을 땐 '대안교육'이라는 교육 방식과 소신에 나름 철저했기 때문에 또 그러했다. 운 좋게도, 아니면 어쩔 수 없이 소심한 책상물림인 부모의 유전자 때문에도 아이는 공부도 학교생활도 그럭저럭 무난히 해나갔다.

그렇게 싱글 맘의 삶을 살게 된 지 어언 6년, 아이는 갑자기 공부에 불이 붙더니 새삼스레 좋은 대학 진학을 꿈꾸기 시작했다. 나는 당황스러웠다. 급기야 대학까지 알아서, 가겠다는 거였다. 어찌 보면 기특하고 대견했다. 그간 뭘 하며 살 건지, 진로에 대해 막연하게 생각하며 지내는 아이를 보느라 아이도 나도 힘겨운 고등학교 시절을 막 통과하는 중이었으니까. 시작은 아이가 중3이 되면서였다.

나: 졸업하면 어떻게 할 거니?
아이: 고등학교 가야지.
나: 어느 고등학교?
아이: 여기 중학교 옆에 있는 데.

나: 야, 너, 그렇게 막연하게 고등학생 되는 거 아냐.

아들: 알아.

나: 특별한 계획 없음, 엄마랑 엄마 학교 다니자. 여행학교 기획하는데 함께하자. 둘이 같이 시베리아 횡단 열차도 타고, 어때?

아들: 싫어.

나: 왜?

아들: 시베리아, 추워. 귀찮아.

나: 농담이지? 여행하면서 책 읽기, 좋아하잖아.

아들: 사실 엄마 학교, 거긴 선생님들은 최고 같은데 애들이 영… 별로.

나: 왜?

아들: 너무 날라리들이야.

나: 그럼 네가 와서 분위기를 서서히 바꾸던가. 그리고 거기 애들을 네가 대체 뭘 알아? 같이 다녀보지도 않고.

아들: 딱 보면 알아. 게다가 패기가 없잖아, 도무지. 나도 거기서 기타도 배우고 그랬어, 뭘.

나: …… 그럼 같이 외국 갈까? 너 전에 학교 다녔던 캐나다 같은데.

아들: 싫어.

나: 왜?

아들: 친구가 없어, 거긴.

나: 새로 사귀면 되지.

아들: 말했잖아. 아무리 친해져도 얇은 얼음막 같은 게 끼어 있는 것 같다 했잖아. 외국 친구들이랑은.

나: 에효… 그럼 홈스쿨링할까?

아들: 왜 그래, 자꾸?

나: 왜 그냥 인문계 고등학교를 가는지 잘 보라고. 그냥 아무 이유도 없이 가는 거잖아. 남들 가니까, 여건 되니까. 난, 그건 아니라고 본다.

이런 식의 대화를 몇 년에 걸쳐 여러 번 했다. 그리고 아이의 결론은 그때, 이러했다.

"왜, 난 좀 그럼 안 돼? 그냥, 고등학생 되는 거 나도 좀 하자. 난 말이지, 엄마가 하도 튀니까. 난 그냥 보통으로 평범하게 살겠다고…. 그냥 일반 학교 나와 일반 대학 다니고 일반 군대 가서 일반 회사원 되면, 왜, 안 돼?!"

"진심이야? 엄마 사는 모습이 그렇게 싫어?"

"그게 아냐. 엄만 나랑 너무 달라. 달라도 너~~~무 다른 사람이니까. 난 조용히 살겠다고."

"그게 다야?"

아들은 갑자기 늙어 보이는 얼굴로 이렇게 말한다.

"엄마 사는 거, 사실 그냥… 어쩐지 불안해 보여. 그래서 그래. 항상 뭔가 아슬아슬하고."

　"안 되겠다. 날 잡자."

　다시금 서로 긴 이야기가 필요한 시점이었다. 그리고 어느 날 밤, 우리 모자, 간만에 오래오래 전처럼 허심탄회한 대화를 나눈 후, 내 쪽에서 먼저 결심을 했다. 장고 끝에 내린 결론이었다. 이게 사실 기가 막힐 수도 있겠다. 혹자는 배신감도 느꼈을지 모른다. 평소 나를 조금 알고 지켜보던 사람들 입장으로선 말이다. 수 년간 일반 학교 비판하며 뛰쳐나와 대안교육에 뛰어들고 앞장섰던 사람으로서 당연히 들을 수 있는 비판이었다. '쳇, 제 자식 일엔 어쩔 수 없군, 천하의 대안학교 선생이라도….'

　하지만 할 수 없었다. 나, 그저 눈 꽉 감고 1년만, 날 버리기로 했다. 아이가 그렇게 소원하는 대학에 갈 그때까지만 모든 공적인 삶, 혹은 분주한 일상을 아이 소망대로 헌납하기로. 아이는 오래 이야기를 나눈 그날 밤, 내게 이렇게 말했다. 다 큰 녀석이 두 눈에 물기가 그렁그렁해서는,

　아이: 평생 바빴잖아, 엄마로서, 인정해?

　나: 그렇지.

　아이: 내가 어려서부터 집에 돌아오면 엄만 늘 집에 없었지.

　나: 응.

아이: 그만하면 맘대로 산 거야, 그치?

나: 나 좋자고 그랬냐?

아이: 암튼.

나: 그래서?

아이: 나 대학 가고 싶다.

나: 가. 가려무나. 가지 말라더냐?

아이: 그런데.

나: 어.

아이: 그러니까,

나: 그래.

아이: 이제 제발 집에 좀 있어 줘. 마지막 소원이야.

　덩치 큰 사내아이의 진솔한 바람이었다. 어이가 없었다. 그럴 줄은 몰랐다. 하지만 내 마음은 진심 어린 그 말에 깊이 움직였다. '안티 모성 이데올로가'고 뭐고 간에 말이다. 늘 속이 깊고 요구가 적은 아이였다. 한 번도 갑작스레 화를 내거나, 이유 없는 땡깡이나 사춘기 소년의 반항이나 무모함조차 거의 보이지 않던 순둥이가, 그저 바라는 것이 하나 있는데 그게 자신이 집에 오면 엄마가 기다리고 있었으면 좋겠다, 였다. 꼭 1년만이라도. 세상에⋯ 다 클 때까지 꾹 참았다가 어렵게 토해낸 말이니 아이의 말은 그 무게와 깊이가 굉장했다.

　나는 놀랐고, 착잡했지만 순순히 동의했다. 그라, 들어주자. 그게 뭐 어렵겠나. 그저 나만 있으면 된다는데, 싫었다.

그런데, 그거, 정말 어려웠다. 진짜 세상에 태어나 그렇게 힘든 일이 기다리고 있을 줄 난 미처 몰랐었다. 그러니까 이 나라 대한민국에서 대입 수험생의 충실한 엄마가 된다는 것… 그건 정말 한마디로 끔찍했다. 아울러 또 하나, 그 엄마 노릇을 고3부터 시작하려 하면 그건 완전히 때, 가 늦은 일이라는 것. 그 또한 나는 어렵게 깨닫고야 말았던 것이다.

혹시, 외국에서 살다 오신 거 맞죠?

그렇게 해서 첫 학부모 모임에 마지못해 갔고, 그날 모임의 목적은 '교실 청소'였다. 처음부터 속이 부글거렸다. 다 큰 남자애들 교실 청소를 초등 1학년도 아니고, 초등학교의 그런 관습 또한 어이없어 하던 내가, 게다가 왜 나이 든 엄마들이 먼지구덩이 속에서 그걸 해야 하는지, 정말 이해하기도 받아들이기도 도무지 어려웠다.

교실 에어컨을 다 뜯어 일일이 닦고 해묵은 먼지며 창틀의 때까지 박박 벗기고 쓸고 닦고 하면서 처음 엄마들 모임에 둘러앉아 있어 보니, 가슴이 몹시 답답했다. 이윽고 장엄하게 대청소를 마친 엄마들이 손수 싸 온 간식거리를 풀어놓고 먹으며 남자 담임 하나를 둘러싸고 앉았다.

교사와 상담일을 병행하던 직업 상 발달한 남다른 통찰의 힘을 빌지 않더라도 한눈에 깊은 우울과 히스테리, 불안, 알 수 없는 절망감이 교실 안 공기를 온통 지배하고 있음을 알 수 있었다. 나아가 비굴과 눈치, 한숨 어린 말씨 또한 압도적인 데다 빈 교실에 열 명 남짓, 생물학적 여성, 엄마들이 빙 둘러앉아 한 명의 남자 담임을 바라보고 있는 모습은 종교 단체와 비슷한 분위기를 풍겼다. 남자 교주 주변에 여자 신도들이 다소곳이 앉아 '그분'의 처분만 기다리는 형국이라고나 할까.

　나는 다시 속이 부글거렸고 거기 끼어 앉아 있는 나 자신 또한 무척 한심스러웠다. 그래, 청소까지는 봉사라고 여기자. 하지만 이후 그런 자리가 매달 계속될 때마다 나는 이해할 수 없는 대화, 사람들의 태도에 늘 가슴이 무거웠다.

　학부모 전체 모임 때 어떤 엄마는 이루 형언할 수 없이 부티 나고 도드라진 행색으로 좌중을 쥐락펴락 이끌며 남자 교사들과의 회식이며 2차에 3차까지 거론하며 분위기를 묘하게 이끌어갔다. 전교 1등 아이의 엄마 뒤로는 늘 한 떼의 엄마들이 수행비서들처럼 우우, 따라다니기도 했다. 갑자기 무슨 명목을 내세워 돈을 걷어 학교에 내기도 했다. 나로선 꽤 거금이었다. 하지만 참아야 했다. 아이는 나와 함께 살며 학교 다닌 지 6년 만에 최고로 밝은 모습으로 신나게 학교에 다니기 시작했던 것이다.

　"엄마, 공부 잘하니까, 학교 선생님들이 이젠 내 이름을 거의 다 알고 불러줘. 성적이 너무 갑자기 오르니까 다들 칭찬하고 그래. 왜 진작 공부 안 했냐고 난리들이야. 하하하."

단지, 성적 때문이었을까? 그런 나날 속에서 인내심을 유지할 수 있었던 건, 나도 엄마라고, 처음으로 공교육에서 아이가 자신의 존재감과 소속감을 느끼며 학교를 다닌 것, 그러면서 그 어느 때보다 활기에 넘쳐 밝게 웃고 지낸다는 것, 그것 하나였다. 그래도 타고난 내 기질을 어디다 버리겠는가.

어느 날, 체면과 눈치로 범벅이 된 교사와 학부모 저녁식사 모임의 끝자락, 음식이 코로 들어가는지 입으로 들어가는지 모르겠던 그 부자연스런 시간, 나는 급기야 입에 물린 지퍼를 열고 말았다.

나: 아니, 대학이야 결국 아이들이 원해서 가야 가는 거고, 우린 왜 이런 모임을 계속 가져야 하는 거죠? 전공도 사실 다 큰 애들이 심사숙고해서 앞날 생각하며 피 튀기게 고민해서 결정해야지, 그걸 부모들이 어떻게 왜, 다 정해주나요? 잘못 해도 스스로 고통 속에서 성장할 거고, 잘해도 자신이 불만이면 괴로운 거고… 이러면 나중에 회사도 같이 다녀줄 건가요, 우리가?

가까이 앉은 좌중의 기운이 싸늘해졌다.

나: 그리고, 학교란 데선 엄마들이 그렇게 만만한가요? 시간 남고 정열 남고 할 일 없는 집단이 고3 엄마들인가요? 우리 나이에 앞으로 남은 인생을 준비할 게 얼마나 많은데…. 그렇지 않나요? 제2의 탄생기. 아니 제3의 비약기가 바로 중년의 전환점을 도는 일이에요. 새로운 선택을 할 유일한 기회를 아이들, 선생들, 학교, 교육제도 이런 데다 모조리 바쳐야 하나요? 이건 너무 아깝지 않아요? 우리가 다들 이러니까 점점 더 경쟁도 심해지고 아이들 공부에도 과부하가 걸리는 거예요. 아이들이 학교만 다니게 되면 착한 엄마들은 모두 차렷, 열중쉬엇, 따라하는 거, 사실 모두가 미친 거예요, 이건.

사람들은 점점 더 침묵 속에 빠져들었다. 참아야 했다. 이러다 내가 나를 조절하지 못하면 앞으로 나가 기어이 마이크까지 잡을 기세였다. 나를 막아준 이는 비교적 상식적으로 보이는 한 엄마였다. 그녀의 말에 난 그만 제 풀에 지쳐버렸으니까.

매우 상식적인 그녀:(눈을 동그랗게 뜨며) 아, 알겠다. 이제 보니 여혁이 어머니, 외국에서 살다 오셨죠? 맞죠?

그리곤 학교 모임에 다시는 나가지 않기로 결심했다.

어머나, 댁의 아들이 어떻게 그런 행운을…?

여차저차 재수까지 해서 아이는 결국 완전히, 는 아니지만 비교적 만족할 만한 대학에 진학해서 나름 즐겁고 흥분된 대학생으로서 나날을 보내게 되었고, 나는 간신히 2년에 걸친 수험생 엄마의 삶에서 해방되었다. 그러던 어느 날, 나더러 외국에서 왔냐고 하던 그 엄마와 우연히 동네에서 마주쳤다. 그녀 또한 최상급의 성적을 자랑하던 아들이 완전히, 는 아니지만 비교적 불만스런 대학에 가게 되었다. 어쨌거나 나는 해방감에 들떠 이런 말을 했다.

나: 와, 이제 우리 힘든 시간 다 끝났네요, 그렇죠!?

그녀는 여전히 점잖고 우아한 음성과 딱하다는 눈빛으로 나를 보며 이렇게 말했다.

매우 상식적인 그녀: 끝나다뇨? 이제 본격적으로 시작이죠. 군대, 취직, 결혼, 3대 과제가 아들 있는 엄마들한테 얼마나 대단한 건데요?!

졌다. 깨끗한 패배다. 난 정녕 모성의 인자도 소질도 없다. 이 나라에서 태어난 것 자체가 애초 맞질 않았나 보다. 엄마 소질 완전 결핍이다.

대신 아들아이는 자식으로서 타고난 소질과 능력이 있었는지 아니면 나 같은 엄마를 만난 반작용인지 다른 아이들과 달리 대학 생활을 2년 정도 맘껏 즐기고 누렸다. 딱 하나, 연아 말고는.

순식간에 달콤한 프레시맨의 나날은 끝나고, 군 입대를 목전에 두고 있던 아이는 카투사를 원했다. 안 되면 다른 아이들이 그렇듯 공군 가고, 안 되면 현역 가고. 나는 이에 대해 달리 의견을 지니지 않았다. 그저 아직도 군대 끌려가는 아이를 봐야 하는 이런 사회를 여전히 만들고 유지하는 한심한 어른이란 게 부끄러울 뿐이었다. 그저 속으로만 이랬다. 그래, 넌 영어를 잘하고 좋아하고 다들 가고 싶어 하는 곳이라니 너 알아서 해라. 근데 그거, 카투사란 거 해봐야 질 낮은 미군 치다꺼리에 고급 사환일 텐데, 대학생이 할 일은 아니라던데…. 차별이 아니라 구별 차원에서 난 미군이 싫었다. 아무 할 일 없이 하루하루를 보내느니 현역 가서 고생하는 게 긴 인생에 보탬 되는 거 아닐까, 군대 간 건데 영어라고 많이 늘겠나, 싶기도 했다. 실은 정부는 한심해도 엄연히 이 나라 국민인지라, 자존심도 몹시 상했지만 역시 내 의견으로 막을 순 없었다, 그 또한.

결국 아이는 운 좋게 하늘에 별 따기라는 카투사에 배정되었다. 그리고 그다음에 인상적인 일이 일어났다.

나를 만나면 사사건건 평가와 비판을 즐기는 지인이 하나 있다. 동네 사는 사람인데 독실한 기독교인에 음전한 부인이었고 나를 늘 전도의 대상으로 바라보는 이였다. 그이 역시 아들이 하나 있었고 우리 아들아이와 동갑이었다.

나: 안녕하세요?

전도 부인: 네…에, 안녕하세요? 참, 그 집 아들, 이번에 군대 안 보내요?

나: 아, 네… 뭐 군대를 제가 왜 보내겠어요, 하하. 가게 되면 차라리 말리고 싶지.

전도 부인: 참, 어떻게 하실 거예요?

나: 뭘요?

전도 부인: 누구 엄마도 누구 엄마도 아들들 다 카투사 지원했다는데.

나: 네에….

전도 부인: 그 집도죠? 애가 영어 하난 제법 잘한다면서요.

기가 막혔다. 영어 하나는? 그럼 다른 건 뭔데? 뾰족한 맘이 올라왔지만 눌렀다. 이 엄마, 아이들 평가는 전부 성적 순이니, 어쩔 수 없다.

나: 네에, 애가 알아서, 다 했어요.

전도 부인: 그래서, 어떻게 됐어요? 토익 점수는요?

나: 그냥 학원 안 다니고 한 번 봐봤는데 900점 가까이 나왔다던데.

전도 부인: 남 일처럼 말씀하시네, 여전히. 그래서요?

나: 뭐가요?

전도 부인: 며칠 전에 발표 났다던데, 어떻게 됐어요??

나: 아, 됐대요. 카투사.
전도 부인: 네에?! 뭐라고요?!

그녀는 화들짝, 보통 정도 이상으로 놀라며 거의 비명을 지르다시피하였다. 왜 이러나, 싶었다.

뉘앙스는 거의 말도 안 돼! 댁의 아들이 카투사에 되다니! 였다. 이윽고 그녀의 다음 말에 그간의 정황과 함께 그녀의 과민한 반응, 그 이유를 짐작할 수 있었다.

전도 부인: 아니, 왜 그 집 애가 됐을까요?
나: 네에?

이번엔 내가 놀랐다.

전도 부인: 아니, 아니에요… 이상하네? 그 집 애가 왜 됐지? 누구네 엄마나 누구네 엄마 아들이 돼야 하는 거 아닌가…? 그 집들은 죄다 안 됐다던데….

그러면서 그녀는 총총 사라져갔다.

시간이 흐르고 나는 비로소 그녀의 낭패감을 알게 되었다. 한마디로, 함부로 이혼하고 바깥일로 바쁘고 애도 하나고 사교육이며 학교 뒷바라지라곤 거의 안 했다고 알려진 여자가, 그런 여자의 아들이 남들이 다 부러워하는 그런 행운을 누리다니. 아니지, 더한 행운이야 군대까지 빼주는 부모 만난 신의 아들급이 있겠고, 그에 못 미치는 미천한 무리 중 그래도 카투사를 간다는 것은 모름지기 현모양처의 길을 걸었던 그녀들의 음덕이 작용해야만 하는 것 아니겠는가. 이 외국서 살다 온 것 같이 아무것도 모르고 세상 느긋하며 편하게 살아가는 여자의 아들은 해당 사항 무, 라야 되는 거 아닌가. 뭐 대충 그런 반응이었던 것이다. 이젠 뭐 그런 주위 반응, 별로 놀랍지도 않지만 말이다.

.

우리 아들, 자식 될 소질 하난 타고난 능력자!

"야, 이젠 안 외롭냐?"
"어, 그럼."
"좋아?"
"좋다."

아들은 복학 후 찾아온 느닷없는 행운 같은 연애를 요즘 한창 만끽하고 있다. 이젠 정말 아들이 다 큰 것 같고, 할 일을 다 한 듯 내 두 어깨 또한 가볍다.

튀는 엄마가 기르는 애가 공부도 웬만큼 잘하고, 삐뚤어지지도 않고, 반듯하고 정서도 안정되었으니 거참 이상하다…는 소릴 들

으며 우린 지금까지 씩씩하게 잘살았다. 하지만 인정할 건 인정해
야 한다.

　　"사실은….'
　　"말해 봐."
　　"좀 두려워….'
　　"뭐가?"
　　"좋긴 좋은데….'
　　"어."
　　"이러다 갑자기 식을까 봐."
　　"누가?"
　　"누구든."
　　"그래?"
　　"아니, 실은 걔가 날 싫다고 떠날까 봐지… 엄밀히 말하면.'
　　"뭐, 연애하다 보면 그럴 수도 있지.'

　　내가 심드렁하게 반응해서일까. 아이는 여봐란 듯 아주 야무진
대못을 하나 내 여린, ㅋㅋ 가슴에 박아 주신다.

　　"사실 내가 엄마한테 버림받은 적이 있잖아."

　　또 시작이군.

"그러니까, 버려질까 봐 두려운 게 있지… 아무래도 내가… 그런 걸 빅 트라우마라고 하지, 아마?"

얄밉다, 일부러 더 심각해지려는 아이의 근사하게 자란 모습을 부신 듯, 그러나 아프게 바라봐야 하는 이 마음. 그동안 농담처럼 수없이 주고받은 그래서 점점 더 희석되게 만든 익숙한 대사, 감정의 응어리임에도 나 역시 여전히 거기서 자유롭지 못하다. 하지만, 내가 누구던가. 타고난 엄마 소질은 없어도 끈질긴 '근자감(근거 없는 자신감)' 하나는 독보적이다.

"그럼, 버려지기 전에 먼저 버려."
"뭐야?!"
"으하하하핫."
"진짜 뻔뻔해."
"어차피, 우린 다 그렇게 사는 거야."
"죽어도 잘못했단 소릴 안 해요."
"수없이 했어."
"항상 해야지, 머릴 조아리며."
"미쳤냐? 글고, 삶의 어떤 사건도 그건 잘잘못의 문제가 아니라 해석의 문제야."
"점점…!"
"점입가경이지?"

"엄마는 날 한 번도 마음에서 지운 적이 없으니 버린 적도 없다. 그 말 또 할 거지?"

"그렇지!"

"하여간, 대~~~박이야."

하지만 안다. 아이가 그동안 얼마나 힘들었을지. 나 또한 그래서 얼마나 힘들었는지. 그럼에도 불구하고 우린 열심히 사랑했고 부지런히 살았고 눈물겹게 분투했다. 그것이 우리 사이 생긴 영원한 관계의 핵심, 모자 우정의 실체다. 아니, 모자가 아니라, 인간 대 인간 우정의 실체다. 남들처럼 무난하지 못해 고생했고, 또 완전한 사이가 아니어서 더 노력했고, 그래서 더 서로를 잘 인정하고 이해하는 사이….

돌아보면 눈물겹지만, 매 순간 잘 넘겼다. 드라이 앤 쿨, 을 죽어라 지향하며.

"근데 너, 이거 하난 알아 둬."

이제 내가 망치를 들 차례다. ㅋㅋ

"뭘?"

"어차피 인간은 누구나 혼자다?"

"쳇."

"언젠가 너도 알게 될 거야."

"또 뭘?"

"연애를 해도 인간은 외롭다는 거."

"차라리 저주를 해라."

"헤헤헷…!"

얼마나 지났을까, 아이가 입을 연다.

"그래도 난 엄마 옆에 누군가 있었음 좋겠다."

순간 슈퍼 드라이 마더, 내 두 눈에 짠물이 핑글, 돈다. 아아, 이 아이, 분명 자식 될 소질 하난 엄청나게 타고난 능력자다. 굴복!

자, 우리 모자 이야기, 여기서 이상, 끝.

항상 함께 있는 것이 좋은 것만은 아닐지 몰라

권혁란 • 여행작가

권혁란

〈페미니스트 저널 이프〉의 편집장과 출판부장, 〈정신세계〉 주간으로 일하면서 오랫동안 책을 만들고 글을 써왔다.

〈트래블러스 맵〉의 여행기획팀장으로 일하면서 수없이 여행을 다녔고 지금도 '삶은 여행'이라고 중얼거리며 여기저기 여행 중이다. 삶의 한가운데를 관통하는 시절들의 여행 이야기를 모아 《트래블 테라피》를 펴냈다.

24살 어린 나이에 결혼해 두 아이를 낳았다. 마음은 늘 항상 곁에 있었다고 믿지만 생각해보면 꽤 오래 아이들 곁에 부재했었다.

반세기를 맞이하는 현재 마치 청춘을 다시 사는 것처럼 여행하고 시작하고 도전하는 모습을 보고 누군가는 '아이들의 막내 동생처럼 살고 있다'고 하는데 그 말은 민망하지만 진실 같아서 가슴이 철렁했다. 엄마든, 막내 동생이든, 어떤 모습으로라도 아이들과 계속 사랑하겠노라 다짐하면서….

쪽파 향을 품은 5만 원짜리 지폐 속 신사임당

천애고아인 친정 엄마의 생신은 정월 대보름날. '엄마는 어떻게 이렇게 좋은 날을 타고나신 거야?' 내가 고등학생이 되던 해인가. 대보름 전날 오곡밥을 먹고, 다음날 아침 생일상을 차리기 전에 귀밝이술을 홀짝이고 부럼을 깨물면서 물어봤다. 그저 입에 발린 축사였을 뿐인데 엄마의 대답은 황당했다. "진짜 태어난 날은 나도 모르지. 주민등록증 만들면서 적은 날일 걸. 아니지. 내가 이 집에 시집온 날인가?" 여하튼 엄마는 자신의 엄마에 대한 기억이 아무것도 없다고 했다. 엄마는 평생을 의지가지없이 외롭게 산 사람이다. 아버지도 언니도 오빠도 동생도 없는 혈혈단신이었으니.

아버지 돌아가시고 네 번째 맞는 엄마 생신날. 여섯 자식 중에 셋이 엄마 집을 찾아왔다. 큰아들은 같이 사니까 그냥 있는 것이고, 나머지 둘은 맏딸인 큰언니와 막내딸인 나다.

둘째 아들은 보름 전 설날에 다녀간 터라 다시 오기 힘든 모양이었고, 나와 큰언니는 설에 못 뵈었으니 생신날 찾아왔다. 나머지 두 딸은, 멀리 살거나 바쁜 모양이었다. 여섯 자식에게 딸린 손자손녀까지 왁자지껄 모일 때도 있었으나 이번엔 어떤 손자손녀도 함께하지 못했다. 외할머니네 집이라면 싫은 내색 없이 곧잘 따라오는 우리 두 아이도 시험을 치르는 날이거나 해야 할 공부가 있어 이번엔 불참했다.

엄마는 큰언니와 내가 현관문에 들어서면서부터 불편한 다리를 '끄을며'(꼭 이렇게 써야 한다. 평생을 일하느라 관절염이 심해서 잘 걷지 못한다) 비닐하우스에서 자란 시금치를 다듬고 쪽파를 뽑아 정리하고 양지 바른 땅에 일찍 나온 냉이를 캐느라 분주하다. 간다고 나설 때 담아줄 요량인 것이다.

저 비탈진 밭둑에 쪼그리고 앉은 엄마 연세는 84세. 언제부턴가 엄마의 불편한 걸음걸이를, 합죽해진 입을 정면으로 바라보지 못하겠다. 그 연세에도 불구하고 늘 새까맣게 염색약을 바르는 바람에 흰머리가 반 넘어 차지한 나보다 까만 머리카락이 더 많아 더더욱 마주 보기 민망하고 안쓰럽다.

84세가 되어도 나를 향한 엄마의 레퍼토리는 똑같다. "내가 너한테 잘해준 게 하나도 없어서." "어린 것을 서울에 보내놓고 해 멕인 것도 없어서 너만 보면 미안해서 아주 똑 죽겠다." 정면으로 마주 보지도 못하면서 나는 그 말들마저 중간에 뚝 잘라버린다. "이제 좀 그만하시지. 귀에 인이 박혔다고." 엄마는 자식에 대한 미안함을 저승까지 가져갈 것이 틀림없다.

환갑을 넘긴 올케가 손수 만든 팥떡에 인절미에 고춧가루에 땅콩에 참기름에 볶은 나물반찬에, 바리바리 엮은 보퉁이와 엄마가 신문지에 여며놓은 각종 나물과 야채까지 싸 가지고 하루 만에 돌아왔다. 챙겨온 것들을 부지런히 찾아 먹어도 확 줄어들지 않았다.

그로부터 보름쯤 지났을까. 냉장고 정리를 하다가 야채가 물렀겠다 싶어 정성을 생각해서라도 다듬어 먹고 버리려고 냉이와 쪽파를 싼 신문지를 벗겼다. 처음엔 발견하지도 못했다. 누렇게 시들어 끝이 바랜 쪽파 옆에 노란 종이가 보였다. 자세히 들여다보니 머리를 틀어 올린 신사임당의 얼굴 반쪽이다. 색깔마저 누렇고 퍼런 쪽파하고 똑같아서 오만 원짜리 지폐 한 장은 눈 밝은(?) 나니까 발견했지 다른 사람이 신문지를 풀었더라면 그냥 버렸으리라.

엄마는 애들 설날 설빔도 못 해줬다고 양말이나 사주라며 자꾸 내 주머니에 세뱃돈을 찔러 넣으려고 했다. 신경질을 내며 안 받았더니 결국 쪽파 속에 숨겨 넣은 것이다. 시들어버린 쪽파와 축축하게 젖은 신사임당 얼굴을 쳐다보면서 한참을 식탁에 앉아 있었다. 냉장고를 뒤지러 나온 큰아이가 쪽파와 오만 원짜리와 내 얼굴을 번갈아 보더니 내막을 눈치 채고는 "어이구, 할머니…" 하며 웃었다. "엄마, 돈에서 파 냄새 나겠다."

다른 집 딸들은 매달 몇 십만 원씩 친정 엄마 용돈도 드린다던데, 철철이 옷도 사드린다는데, 나는 그러지도 못했다. 그래도 이게 뭐란 말인가. 오십이 다 되어가는 막내딸이 안쓰러워(엄마 기억 속의 나는 열일곱에 집 떠나던 그 순간에서 멈춰 있는 것 같다) 용돈을 줄 거라면 오십만 원을 주든가 오백만 원을 주든가 하지, 쪽파 속에 숨긴 오만 원이 뭐란 말인가. 진심으로 받기에는 좀 비감하고 장난처럼 받기에는 청승스러워서 제대로 마음의 준비가 되지 않았다. 쿵쿵거리며 냄새를 맡고 깨끗하게 펴서 장지갑 속에 정갈하게 넣었다. 오랫동안 쓸 수 없을 것이다. 이 돈은 나에게 앞으로 일종의 부적이 될 것이다. 엄마의 마음을 담은. 시든 쪽파를 알뜰하게 다듬고 썰어 냉동실에 넣었다.

엄마가 평생 품고 있는 자식에 대한 죄의식과 미안함이 못내 버겁다. 나는 중얼거렸다. 엄마, 이미 충분해. 내 아이가 벌써 그때의 내 나이도 넘었어요. 이제 그만해도 돼요. 엄마 없이 살던 시절, 다 잊었다고요.

친구에게 쪽파 속에 든 돈 사진을 찍어 보내며 이야기를 해줬더니 "사랑이시다! 배워서 물려줘야 해…" 하는 답장이 왔다. 정녕 사랑인 걸까. 배워서 내 아이에게 물려주어야 하는 것이 맞는 것일까.

두 번의 독립, 두 번의 이별

그로부터 채 한 달이 지나지 않아 결국 제주도로 떠나왔다. 3월 말. 편도 티켓. 나 혼자서. 서울 집에서 1년 좀 넘게 살았다. 1년 전인 2012년 새해 즈음에 제주에서 서울로 올라가면서 더 이상은 아무데도 가지 않겠다고 다짐했는데, 지키지 못했다.

아이들 아빠와 두 아이는 성정 자체가 집에 있는 것을 가장 좋아하고 가족과 있는 시간을 항상 즐거워한다. 학교에 가거나 일이 있어 나갔다가도 집에 들어오면 온몸과 마음을 풀어놓고 좋아했고 웬만하면 외출 횟수를 줄이려고 노력했다. 아이 둘은 "엄마 같은 사람이 친구였으면 좋겠다."고 했고 "엄마가 내 엄마여서 좋다."고, "엄마 자식으로 태어나서 너무 좋다."고도 했다. "아빠 같은 남자가 남자 친구면 더 바랄 게 없다."고 했고 아이들 아빠도 "아무리 돌아봐도 우리 아이들처럼 속 썩이지 않는 예쁜 자식이 없다."고 했다. 다들 사회성이 부족한 편은 아닌데도 모두 가족 구성원을 최고의 친구로 여겼다.

나도 그러했다. 집에 있는 것이 가장 좋았고 아이들과 시간을 보내는 것이 행복하기 그지없었다. 전업주부로 살던 10년 동안 온몸과 영혼으로 육아와 살림에 전념했으므로 아이에게도 엄마 노릇에 대한 어떤 죄의식도 부채감도 없었다. 이후 15년 정도 직장생활을 하면서도 집은 뛰쳐나가고 싶은 곳이 아니었고 아이들과의 사랑은 도탑고 충만했다. 서로가 서로를 '기적처럼 이루어진 인연'이라 여기며 무엇을 더 해달라고 요구할 게 없을 정도로 간족하면서 행복하게 잘살았다.

그럼에도 불구하고 나는 이 집을 두 번 나갔다 들어왔다. 이런저런 이유로 우리 부부는 2007년 아주 조용히, 소리 소문 없이 이혼을 했다. 합의 하에 잘 헤어져 놓고도 집에서 함께 잘 지냈다. 아무래도 누군가 따로 나가 사는 게 옳을 것 같아 계획을 짜보니 아이 아빠는 안정적이고 확실한 직장이 집 가까이 있었고, 절대로 아이들 곁을 떠나고 싶어하지 않았다.

나도 아이들과 같이 있고 싶었지만 아이 곁에 없다고 해서 사랑의 관계가 훼손되지는 않을 거라고 믿었고, 불안정하고 보수가 박한 직장에 다니고 있었다. 결혼한 이후, '나만의 방, 영혼의 19호실'을 줄기차게 꿈꾸던 내가 원룸을 얻어 직장 근처로 이사한 것이 첫 번째 나의 독립이자 아이들과의 별거다.

2007년에 이뤄진 그 독립생활은 7개월 만에 접었다. 하필이면 큰아이가 고3인 해였다. 다른 엄마는 아이가 고3이면 중요한 가정사도 접어놓고 인류지대사도 잠시 미루고 아이에게 '올인'한다는데 나는 딱 아이가 고3에 올라간 4월에 독립을 해서 수능 한 달 전인 10월에 돌아왔다. 고3 아이의 마지막 보살핌과 안정을 위해 돌아온다는 명분은 있었지만 사실 나 혼자 나가 사는 것이 불안정하고 외로웠다. 그토록 혼자 살고 싶은 열망이 강렬했으나 막상 얻어들어간 원룸은 20여 년 살아온 내 집에 비해 너무 좁고 불편했다. 손 닿는 곳에 늘 있는 내 물건들과 헤어지니 살림하는 재미도 못 느끼겠고, 시시콜콜 이야기를 나누며 웃고 떠들던 아이들이 없으니 도무지 사는 재미가 없었다.

이혼한 일도 없는 양, 집 구해 나가 독립한 일도 없는 양, 마치 조금 긴 여행에서 돌아온 듯이 귀가했다. 그런데 달라진 것이 있었다.

내가 나가기 전엔 동성의 두 아이가 안방을 쓰고, 남편과 내가 각

각 방 하나씩을 썼다. 그 사이에 내 방으로 고3 큰아이가 들어가 있었다. 나는 작은아이가 쓰는 안방으로 들어갔다. 퀸 사이즈 침대에서 고1인 아이와 함께 잠들고 깨어났다.

나의 부재로 아이들이 아프지는 않았구나

큰아이는 몇 달 후 대학에 입학했다. 19살에 대학생이 된 큰아이는 입학하자마자 학교 컴퓨터실에서 아르바이트를 시작해 자기 용돈은 물론 가끔 내 옷과 화장품을 사주기도 했다. 그 와중에 몇 학기 장학금을 받아서 가족에게 외식을 시켜주기도 했다. 고3 힘든 시절에 이혼이다 별거다 해서 그야말로 자식 속을 썩인 부모가 원망스러울 만도 한데 아이는 부모를 대할 때 항상 순하고 다정했다. 가만히 보면 아이가 어른 같았다.

그 사이 작은아이가 고3이 되었다. 나도 일자리를 옮겨 여행 일을 하기 시작했다. 다시 아이 곁을 떠나 히말라야로, 발리로, 오키나와로 답사여행과 인솔여행을 떠났다. 아이는 새벽에 일어나 밥을 먹고 학교에 가서 점심도 저녁도 급식으로 먹고 새벽 1시에 귀가했다. 둘 다 얼굴을 마주 볼 시간이 적었다. 둘째 아이도 19살에 대학생이 되었다.

어느 날 아이 둘과 외식을 하면서 미안한 마음을 전했다. 다른 엄마들처럼 철저하게 공부를 시켜주지 못한 점, 풍족하게 용돈을 주지 못한 점, 번듯한 과외 하나 할 수 없게 한 점, 제때 챙겨주지 못한 식사, 그리고 가장 중요하다는 고3 때 같이 있어 주지 못해 미안하다고 했다.

아이 둘은 울기도 하고 웃기도 했다. 그러곤 말했다. "그때 엄마가 옆에서 눈에 불 켜고 지켜보지 않아서 다행이야. 내 친구들 몇은 엄마들이 새벽마다 깨우고 밤에 먹을 거 해 갖고 들어오거나 자기들이 잠들 때까지 잠도 자지 않는 엄마 때문에 얼마나 괴로워했는지 몰라. 내 친구들이 그런 엄마를 어떻게 부르는지 알아? 마귀라고 했어. 엄마는 결과적으로 마귀할멈이 안 된 거지. 엄마가 그렇게 무관심하게 고3 시절을 보내게 해줘서 더 열심히 공부한 거 같기도 해. 알아서 공부하지 않으면 대학을 못 가도 엄마는 아쉬워하지 않을 것 같더라고. 엄마는 우리를 잘 키운 셈이야. 엄마가 자랑스러워."

아, 그러나 그 시간에도 아이들 아빠는 매일 새벽에 등교하는 아이들을 차에 태워 데려다 주고 12시쯤 귀가하는 아이들을 교문 밖에서 기다려 데리고 들어왔다. 겨울에는 차에 히터를 넣고, 여름이면 에어컨을 켜놓고 기다려주었다. 행여 술을 마신 날은 그 시간에 맞추어 교문 앞에 서서 기다리다가 가방을 들어주며 같이 들어왔다. 그 생활이 거의 4년 동안 계속되었다. 아이들은 두 살 터울이었고, 그 일은 고2 때부터 시작되었으니까. 이 부분에서만큼은 아이 아빠의 성실함과 '아빠됨'을 백 퍼센트 존경하고 인정한다.

여하튼 우리가 '일개미'라고 놀릴 정도로 한번 시작한 일은 몰두하는 성격인 둘째도 대학에 들어가자마자 바로 장학금을 받기 시작했다. 알바 하느라 공부도 못하고 힘들게 돈을 버느니 차라리 공부를 파고 또 파서 장학금을 받는 것이 현명하다는 판단을 내렸다고 했다.

아이들의 성적표와 생활은 내가 대학생일 때의 것과 판이했다. 두 아이들은 A 플러스로 가득한 성적표를 받아왔고 장학금을 받아 자신의 여행 경비와 생활비를 만들어냈다. 두 아이의 성실함과 우수한 성적은, 나의 자랑이다. 몇 년 동안 부부관계의 깨짐과 경제력의 몰락과 그로 인한 다소의 불행감 속에서 휘청거릴 때 아이들의 무사한 입학과 자립적인 생활 태도, 우수한 학교 성적은 끝내 불행하지 않을 수 있었던 부푼 자랑이자 행복의 버팀목이었다.

아이들은 조금도 엇나가거나 삐뚤어지지 않았다. 만약 아이들이 이를 앙 다물고 뭔가 불만을 참거나 돈을 벌기 위해, 공부를 하기 위해 미친 듯이 몰두하고 분노를 자제하는 양상을 보였더라면 마음이 무척 아팠을 것이다. 그러나 다행히도 아이들은 그러지도 않았다. 놀고 싶을 때는 놀고 웃고 싶을 때는 웃으면서 가족관계의 부침과 관계없이 마음도 몸도 건강했다. 그래서 얻은 결론은 엄마인 내가 내 일을 하는 것이, 옆에 딱 붙어서 지켜보거나 일거수일투족 잔소리를 퍼부어대는 것보다 적당히 부재해 주는 것이, 아이들의 숨통을 트여주는 역할을 했을 거라는 것이다. 이 모든 것이 저 깊숙이 똬리를 틀고 있는 아이들에 대한 죄책감과 미안함을 웃어넘겨 버리고 싶은 허튼 수작일지라도 나는 아이들의 말과 사랑을 믿는다. 적어도 아이들은 나의 부재로 많이 아프지 않았다. 아니, 공간적인 부재와 시간적 부재는 있었을지라도 사랑의 부재는 없었노라고 내 마음을 토닥이고 아이들 마음을 매만질 수 있다.

남들과 똑같지 않아도 괜찮아

두 번째로 집을 나와 제주에서 살던 1년 6개월 동안(둘째가 대학에 입학한 해 여행 작가와 땅의 여자로 살겠다며 두 번째로 독립했다) 아이들은 서로 다른 날 엄마를 찾아왔다. 엄마가 따로 살고 있다는 데 대해 아이들은 안쓰러움(그럴 필요 없지만) 한 톨도 없어 보였다. 그저 엄마는 여행 작가이니 여행을 다녀야 하고 글을 써야 하니 독립된 공간이 필요한 것으로 이해하는 것 같았다. 하필이면 사는 곳이 제주이다 보니 심지어 "엄마는 좋겠다, 나도 곧 놀러갈게."가 매일 하는 인사였다. 심지어 아이들 아빠도 이혼한 전 아내가 있는 곳으로 스스럼없이 친구처럼 찾아왔다. 등산복을 갖춰 입고 아이들하고 한라산을 땀 흘려 걷고 올레길을 걷고 나서 회를 먹고 술도 한잔 나눴다.

둘째 아이와 오른 한라산, 함께 먹은 음식, 올레길은 아름다웠고 행복했다. 산이나 걷기보다 편하고 깨끗하고 화려한 곳을 좋아하는 첫째 아이와 묵은 호텔도, 오랜 만에 누린 문화적 호사도 마음이 반짝일 만큼 즐거웠다. 우리는 누가 보아도 행복한 엄마와 딸 사이로 보였고 그것이 사실이었다. 또한 누가 보아도 문제 없는 부부 사이 같아 보였다. 그것이 사실인지는 잘 모르겠다. 모두들 무슨 사정이 있어 가짜로 이혼한 것 아니냐고 할 정도로 우리는 무덤덤하지만 편안하게 여행했다. 그리고 서울에서 만나자며 아이들도 아이 아빠도 홀홀 돌아갔다.

다 지나간 시간이지만, 나는 지금도 궁금하긴 하다. 왜 항상 나만 먼저 집을 떠나왔을까. 그렇게 집을 좋아하고 아이들을 좋아하면서. 그것도 이혼하면서 재산 분할이나 위자료 같은 것에 대해서 논의하지도 않고 왜 빈 몸으로 두 번이나 집을 떠났는지 진실로 나 자신이 궁금하다. 나는 진정으로 이혼을 하거나 득립을 원한 것이 아닐런지도 모르겠다. 일종의 베이스캠프로 서울 집을 정해놓고 편하게 들어왔다 나갔다 하려고 그랬던 것일지도 모를 일이다. 어쩌면 아이와 아이들에 대한 사랑을 볼모로 잡아늫고 아이들 아빠와 이혼은 했지만, 그를 일종의 후원자로, 보험처럼 이용하고 있는 것을 아닐까. 나를 이혼한 아내로 여기지 말고 그저 딸처럼 여겨달라고 원하는 마음은 어쩌면 열일곱 살에 엄마와 아버지 곁을 떠난 어린 소녀에서 하나도 자라지 않은 것은 아닐까, 하는 깨달음은 씁쓸하고 조금은 부끄럽다.

여하튼 이제 성인이 되어 눈부시게 아름답고 푸르른 아이들과, 12년이나 같이 산 퍼그 견 한 마리, 비록 이혼했지만 얼굴 보고 이야기하고 식탁에 마주 앉아 밥 먹는 것이 도대체 쿨편하지 않은 아이들 아빠와 같이 산 1년은 솔직히 행복했다. 아이들과 학교 이야기며 마음에 두고 있는 이성 친구를 사귈지 말지 스스럼없이 이야기를 나누고, 텔레비전을 보면서 피자나 치킨을 안주로 맥주 한잔씩 나눠 먹는 밤은 매우 충만하고 행복해서 이제 다시 어디로든 떠날 마음이 들지 않았다. 취업을 준비하는 대학 졸업반 큰아이하고는 목전의 취업과 시험에 대해 자못 진지하게 고민을 나누었다. 뭐든지 열심히 하고 성실하기 그지없는 작은아이와는 학교 성적 이야기와 유학 문제 그리고 좋아하는 여행 이야기도 두서없이 나누었다.

아이들 아빠는 1년 반 동안 나의 여행 겸 별거 탓에 살림 실력이 부쩍 늘어 행주 삶기와 빨래와 청소, 각종 전과 찌개류에는 거의 달인이 되어 있었다. 시간과 여건과 상황에 따라 부엌은 편안하게 아이 아빠와 나에게 공간을 열어주었다. 시장 보기도 설거지도 요리도 아이들 입맛을 위한 특별식 준비도 마치 평생 그래왔던 것처럼 자연스럽게 분담이 이루어져 결혼 생활 20여 년 동안 생기곤 하던 눈치 보기와 마찰과 다툼이 전혀 일어나지 않았다. 길고 짧은 잦은 여행과 독립생활 이후 같이 산 날들 중 가장 평화롭고 안온한 시간이었다. 집은 따스했고, 돈을 벌어야 한다는 부담을 당분간 크게 갖지 않고도 먹고살 수 있었다.

아이들은 집을 들락날락하는 제 엄마의 좌충우돌 삶의 문양을 심상하게 보아주었다. 엄마가 긴 출장을 다녀온 양 돌아와서 사는 것도 아무렇지 않게 받아들였다. 이다음에 남성관과 연애와 결혼관에 어떤 영향을 미칠지는 모르지만 이혼하고도 마치 친구나 남매처럼 편하게 대화하고 같이 밥 먹고 자식 문제를 의논하는 모습을 별 어색함 없이 보아주었다. 하긴 아이들 아빠와 엄마인 나는 아이 문제에서라면, 아이들을 사랑하는 크기에 대해서라면, 폭과 너비와 깊이가 같았다.

아이들은 백 프로 자기들을 사랑해 마지않는 아빠와, 2백 프로 더 사랑하고 예뻐하는 엄마를 가진, 어찌 보면 행복한 아이들이라는 생각도 들었다. 애들 아빠와 나는 거의 경쟁적으로 두 아이의 현재 생활과 미래의 꿈에 대한 관심을 표명했고, 사랑의 부족함으로 비뚤어지지 않기를 최선을 다해 기원했다. 행여 질세라 아이들이 먹고 싶어하는 것들을 사다 나르고 만들어 먹이면서 부모로서 아이들을 사랑하고 아이들에게 사랑받기를 간절히 원했다. 아무 부족함 없이 키울 수 있는 재력은 안 되지만 경제적인 상황으로 아이들이 힘겨워하지 않도록 하기 위해 열심히 일하고 돈을 벌었다.

엄마, 하고 싶은 거 원껏 하고 살아!

그렇게 행복하게 잘살던 서울에서 왜 나는 다시 혼자 제주로 떠나기로 결정한 것일까. 누구라도 생각하기 쉬운 가정사의 문제는 아니었다. 가정은 아무 문제가 없었으므로. 나는 어쩌면 우리 엄마 말처럼 '외롭게 혼자 살던' 열일곱 살부터 스무 살까지의 삶을 가장 그리워하는 것인지도 모르겠다. 가장 외로웠고 가난했지만 충분히 자유롭고 홀로 충만했던 그 시절을 잊지 못하고 있는지도 모르겠다. 존재의 홀로됨이 간절했다. 감히 법정 스님의 '홀로 사는 즐거움' 같은 것을 꿈꾸었다. 그렇다 해도 꾸물거리던 마음은 엉뚱한 곳에서 찾아왔다.

올해 첫째는 대학을 졸업했고 둘째는 3학년까지 마치고 휴학을 했다. 큰아이는 취업 준비를 하고 있었고, 작은아이는 토플 고득점을 딴 후 6개월 동안 교환학생으로 영국에 있는 대학교에 가는 것이 목표라 했다. 계획대로 살고 목표를 이루고야 마는 둘째는 바로 토플 공부를 시작했다. 두 달 만에 90점 이상을 받아야 원하는 대학에 갈 수 있다고 했다. 토플 점수, 고득점, 교환학생으로 갔을 때 쓸 생활비 벌기. 계획이 탄탄했다.

고3 때만큼 일개미 모드로 돌입한 아이는 새벽에 일어나 아침을 차려 먹었다. (이 아이의 식사는 남다르다. 스스로 냉장고를 찾아 먹는 버릇이 오래 전부터 있는 편인데 그저 대충 끼니만 때우는 게 아니다. 커피도 술도 인스턴트 음식도 먹지 않는 아이는 일어나자마자 주스를 마시고 밥과 반찬을 빠짐없이 차려 아주 천천히 꼭꼭 씹어 먹는다. 고구마나 감자를 삶아서 먹기도 하고 도시락으로 싸 가기도 한다. 식사가 끝나면 반드시 제철 과일을 챙겨 먹는다. 과일 조금, 고구마나 감자, 밥과 반찬으로 된 도시락과 녹차나 물을 준비해서 점심을 싼다.) 그리고는 가방을 챙겨 들고 학교 도서관이나 학원으로 갔다. 가방은 각종 참고서와 책, 도시락과 물로 돌을 가득 채운 것처럼 무겁다. 나는 종종 아이에게 '히말라야 트레킹 포터'라고 놀리기도 한다. 무거운 가방을 들고 나간 아이는 하루 종일 밖에서 공부하고 돌아왔다. 학원 수업을 듣고 난 후 바로 도서관으로 직행해서 막차 시간까지 공부하다가 새벽 1시경에 귀가했다. 그 시간에 돌아와서도 잠들 때까지 컴퓨터에 앉아 공부하면서 궁금했던 것을 찾아보고 잠들 때까지 단어를 외웠다. 농담인 줄 알았는데 나에게 영어로 말해달라고(중등 영문법과 여행 회화를 공부하던 나에게도 도움이 될 거라며) 했다. 나는 떠듬떠듬 영어로 말을 했고, 문자를 보낼 때도 영어로 써야 했다. 그렇게 아이가 공부하는 두 달간 나는 출판사에서 교정 일을 맡아 일부러 아이 보란 듯이 열심히 일했다. 네가 열심히 하는 만큼 엄마도 그렇단다, 보여주고 싶었다.

시험을 앞둔 전날이었다. 학교를 다니는 동안, 토플 공부를 하는 동안 큰방 퀸 사이즈 침대에서 한 이불을 덮고 자던 우리는 사실 둘 다 서로에 대한 배려를 하느라 약간씩은 불편을 감내하거나 말하지 않고 지낸 참이었다. 한밤중에 컴퓨터로 일하거나 잠들기 바로 전까지 책을 읽는 습관이 있는 나는 피로에 지쳐 단어를 외우다 스르르 잠들기 원하는 아이 때문에 컴퓨터를 들고 거실과 방을 전전했다. 아직 잠이 오지 않아도 스탠드 불을 꺼야 했고 휴대폰도 열어볼 수 없었다. 아이나 나나 잠자리 습관이 너무 예민했다. 아무리 사랑한다 해도 조심한다 해도 누군가와 한 방을, 한 침대를 쓰는 것은 진정 무지하게 힘든 일이라는 것을 사실 매 시간 매 초 깨닫고 있는 중이었다.

새벽에 일어나 멀리 인천까지 가서 시험을 치러야 하는 아이가 공손하게 부탁을 해왔다. 오늘은 푹 자고 싶으니, 오늘만 엄마가 거실에서 잘 수 있겠냐, 고. 사실 그건 그 정도로 공손하게 부탁할 일도 아니었는데 아이는 지나치게 예의가 발랐다. 나는 조용히 민망해졌고 그 말을 듣는 즉시 적나라하게 내 생활의 현재를 보았다. 그날 나는 거실에서 잠을 잤다.

아이는 시험을 아주 잘 봤다. 시험 성적을 확인한 아이는 컴퓨터 앞에서 환호성을 질렀다. 기적적인 점수였다. "너는 정말 기적의 아이콘이야." 나는 이렇게 말하며 아이를 얼싸안고 기뻐해주었다.

그날 이후 아이와 함께 쓰는 큰방이 어색하고 불편해졌다. 단지 그날 하루 방을 비워주면 되는 일이었는데 아이에게 독립된 공간을 주어야 한다는 생각, 나에게도 절실하게 독립된 공간이 필요하다는 생각이 떠나지 않았다.

제주도의 집 이야기는 바로 그때 찾아왔다. 후배가 비어 있는 집에 관해 이야기했다. 가본 적이 있는 집이었고, 깨끗하고 편리하고 좋은 곳이었다. 혼자만의 방은 물론 책까지 두루 갖춘 곳이고 부엌의 집기도 갖춰져 있었다. 다시 혼자? 도로 제주로? 또 남의 집으로? 아니다 싶었지만 마음이 자꾸 그쪽으로 쏠렸다.

지난 생애 동안의 내 삶과 이제 곧 오십이 되어 맞이할 미래의 삶을 앞에 두고 어깨에 힘이 빠져 있던 어느 날, 영국 대학의 교환학생이 되어 장학금 신청 서류 준비와 아르바이트 준비로 바쁜 아이가 말했다.

"엄마, 엄마는 뭐 하고 살고 싶어? 왜 그렇게 기운이 없어. 엄마, 하고 싶은 거 있으면 다 하고 살아. 원껏 살아. 하고 싶은 게 있으면 원껏 하고 사는 게 정답인 거 같아. 여행 가고 싶으면 가고 일하기 싫음 하지 마. 나 봐봐. 하고 싶은 거 어떻게든 다 하고 살잖아. 이럴 수 있게 된 것은 다 엄마 덕분이야."

이런! 저런 말은 보통 엄마가 자식에게 하는 말 아닌가? 현명하고 지혜롭고 당당하게 살아온 엄마가 의기소침하고 불안해하는 아이의 어깨를 잡고 반짝이는 눈으로, 아이야, 인생을 원껏 살거라. 살아 보니, 별다른 거 없더라, 하고 싶은 것이 무엇이든 열심히 다 하고 살아라. 그래야 말이 되는 것이 아닌가.

22살 꽃다운 아이, 50킬로그램도 안 되는 바싹 마른 일개미 딸이 오십이 다 되어가는 엄마에게 해주는 말이라기엔 비장하고 장엄하다 못해 좀 코믹하지 않은가 말이다.

어쨌든 나는 딸에게 하고 싶은 일은 다 하면서, 부디 원껏 행복하게 살라는 응원 아닌 응원을 듣고 한순간에 결정을 내렸다. 얼마가 될지 모르지만 내 방을 가지고 나 하고 싶은 대로 살기 위해 다시 빈 몸으로 제주로 떠나왔고, 아이들과 따로 살게 되었다.

엄마, 내가 행복을 줄게

이곳은 바로 얼마 전까지 바람스테이와 바람도서관이란 이름으로 운영되던 제주도 민박집 겸 작은 도서관이다. 나는 넓은 객실 '바람살랑 방'과 '꽃잎하늘 방' 어디에도 묵지 않고 책이 가득 꽂혀 있는 도서관 방에 이부자리를 깔고 들어앉았다. 책상이 여러 개 있고 책이 가득하니, 도서관을 찾아가지 않아도 되었고, 더욱 좋은 것은 여행지의 작은 도서관인지라 바람 같은 이야기를 담은 여행 에세이가 특히 많았다. 더더욱 좋은 것은 내 취향에 맞춰 산 책이 아니기 때문에 제목조차 낯선 책이 많고, 또한 여행자들이 기증한 책도 있어 그야말로 골라보는 재미가 있었다.

처음 이곳에 온 3월 말, 봄은 아직 오지 않고 서둘러 피어난 작은 벚꽃만 바람에 시달리던 그날, 수많은 책들 중 맨 처음으로 오소희의 《엄마, 내가 행복을 줄게》라는 책을 집어 들었다. 아이를 두고 혼자 서울 집을 떠나와 제주도 남의 집에서 처음 집어든 책이 왜, 이 책이었는지는 모르겠다. 어떤 자식이 엄마에게 저런 말을 하는 거야? '아이야, 엄마가 행복을 줄게'가 적당한 것 아닌가 싶기도 했고, 또 하나는 서울 집을 나서기 전에 둘째 아이가 한 말이 귓가에 남아 있기도 했을 터였다.

화사한 꽃 그림과 함께 엄마와 아들이 손을 잡고 하늘을 날아가고 있는 책에는 '엄마와 아이가 서로 마주하며 나눈 가장 아름다운 대화의 기록'이란 부제가 붙어 있었다. 책을 열자마자 난데없이 영어로 나눈 대화가 적혀 있었다. 엄마가 영어를 제 나라 말처럼 유창하게 하는 탓에 아이도 한국어와 영어를 동시에 사용하며 자랐다고 쓰여 있었다.

엄마, 이리 와 봐, 우리 꼭 끌어안자.

난 엄마를 너무너무 사랑해서, 이렇게 맨날맨날 꼭 끌어안고 다니고 싶어.

그래, 우리 꼭 끌어안고 다니자.

그래, 히힛!

흠… 엄마 이마에서는 햇빛 냄새가 나.

뺨에서는 바람 냄새가 나고. 엄마, 먹어봐.

뭘?

엄마를. 이렇게 혀를 내밀고. 맛있지 않아? 엄마는 딸기 맛이야.

훗, 딸기 맛?

응. 아주 달콤한 딸기 맛. 그런데, 엄마! 난 궁금한 게 있어.

뭔데?

사람은 어떤 때 심장이 부서져?

음… 글쎄… 나쁜 걸 많이 먹고 운동을 안 하면 심장이 부서질 수 있고, 또 아주 많이 슬프거나 속상할 때도 심장이 부서질 수 있어. 또…

너무너무 사랑할 때도!

그래, 맞다. 너무너무 사랑할 때도 심장이 부서질 수 있지. 중빈인 그걸 어떻게 알았니?

날 봐. 엄마를 너무너무 사랑해서, 심장이 부서져버렸어!

필자 오소희와 그의 아이 중빈의 끝없는 닭살 멘트와 애정행각을 읽어 내려가다 보니 지금은 다 자라 22세와 24세가 된 딸들의 어린 시절이 생각났다. 아이들과 나도 이 나이쯤에 그에 못지않은 말과 행동을 일삼았으니까.

그러다가 '왜 우리는 죽지?'라는 꼭지에서는 난데없이 가슴이 쿵쾅거렸다.

Mommy, when we die, what can we do?

엄마, 우리가 죽으면 뭘 할 수 있지?

Nothing. Dead people can't do anything.

아무것도. 죽은 사람은 아무것도 못하는 거야.

Will someone cry?

누군가 울어줄까?

Of course. Everybody who loves you will cry very much.

물론이지. 너를 사랑하는 사람들 모두가 슬피 울걸.

Mommy, do you die, too?

엄마, 엄마도 죽어?

Unfortunately, yes.

불행히도, 그래.

WHY?

왜???

You know, that is the law of nature. I can't help it.

음. 그게 자연의 이치거든. 엄마도 어쩔 수 없구나.

But WHY? My grannies are old but they are all live!

하지만, 왜??? 우리 할머니들은 늙었어도 다 살아계신데!

Yes, they are now. But they're get older and older and someday they'll die. No one can live forever.

지금은 살아계시지. 그치만 더 나이가 드시면 할머니들도 돌아가실 거야. 아무도 영원히 살 수는 없거든.

Don't worry, JB. We'll stay with you for many many many days.

걱정 마, 중빈아. 우리는 아주아주 오랫동안 함께 있을 수 있어.

Are you feeling any better now?

좀 기분이 나아졌니?

NO, YOU WILL DIE anyway!!!

아니, 어쨌든 엄마는 죽잖아!

I have to lie down. I have to lie down for long.

나 좀 누워야겠어. 오랫동안 누워 있어야겠어.

아이와 삶과 죽음에 대한 대화를 나눈 엄마 오소희는 이렇게 글을 마감했다. "어쩐지 이 순간을, 무릎에 놓인 이 온기, 아이 얼굴에 남아 흐르는 눈물, 그 눈물 속으로 노랗게 삭아드는 햇빛을 영원히 잊지 못할 것 같다. 내가 아주 큰 사랑을 하면서, 아주 큰 사랑 속에 놓여 있는 지금 이 시절을."

나야말로 책을 읽고 나서 어린아이 중빈처럼 오랫동안 누워 있어야 했다. 저 아이 중빈처럼 엄마가 언젠가는 죽어버릴 거라며 울던 내 아이가, 엄마가 죽으면 조금이라도 더 가까이 있기 위해 엄마의 뼈를 갈아서 물에 타서 주사기에 넣어 자기 몸에 넣을 거라며 펑펑 울던 다소 엽기적이던 딸아이의 말이 생각났기 때문이다. 이미 다 컸다 해도, 그런 말을 하던 12살로부터 10년이 지났다 해도, 그래서 이제는 엄마와 떨어져 사는 것이 어쩌면 더 홀가분하고 좋을지도 모를 나이가 되었다 해도, 엄마인 나는 그들 곁을 떠나와 여기, 홀로 있다. 얼마나 떨어져 살게 될지 모르지만, 몇 달이 지난 후에도 어쩌면 나는 아이들이 아빠와 살고 있는 서울 집으로 못 들어갈 것 같은 예감이 차올랐기 때문이었다.

함께 있어도 떨어져 있어도 아이들을 사랑하고 있으므로

드디어 그토록 원하던 시간, 원하는 장소에 있게 되었다. 몸을 둥글게 말아 잠들고, 불을 끄고 싶을 때 끄고, 배고플 때 아무거나 찾아 먹으면 되었다. 내 존재와 내 움직임이 남에게 불편을 끼치거나 영향을 주지 않는 것이, 그리고 타인의 존재와 움직임과 태도에 영향을 받지 않는 날들이 행복하고 좋았다. 3월 말 춥던 날들이 책 몇 권 읽는 사이에 지나갔다. 날씨는 점점 따뜻해지고 푸르러지는 목장의 풀과 피어나는 꽃을 바라보며 오랜만에 찾아온 혼자만의 시간에 감사했다.

아이들은 카톡으로, 문자로, 전화로 소식을 전해왔다. 시험을 봤다, 자전거를 타고 한강으로 나간다, 알바로 시작한 홀 서빙이 의외로 고되어 밤이면 녹초가 된다, 그런 말을 해주었다. 나도 머무는 곳의 아침과 저녁을, 방과 책들을, 산책로를 사진으로 보내주었다. 행복해 보인다며 두 아이 모두 엄마가 있는 곳에 와보고 싶다고 했다.

4월이 되어 한라산 중턱의 곶자왈에, 숲속에, 길가에 가득한 고사리를 꺾으러 다녔다. 아침 일찍 봄 햇살에 깨어 산책 삼아 바로 집 뒤 곶자왈 숲속으로 들어갔다. 낮은 가시덤불 사이에서, 찔레나무 사이에서, 누렇게 바랜 억새풀 사이에서 제주도 고사리는 끊임없이 솟아올랐다. 길에서 주운 짝짝이 목장갑을 끼고 검은 비닐봉지 하나를 들고 걸어서 간 곶자왈에서 텅 빈 마음으로 솟아난 고사리를 꺾다보면 두세 시간은 훌쩍 지나갔다. 삶아 말려서 부피가 준 고사리를 한가득 서울로 보내고 난 후에도 매일 수렵채취를 하러 나갔다. 유난히 고사리를 좋아하는 둘째 아이가 영국에 갈 때 보낼 작정으로 백약이 오름에, 동거문이 오름에, 다랑쉬 오름에, 집 뒤 곶자왈에 매일 산책 삼아 여행 삼아 등산 삼아 다녔다. 부피도 적고 요리법도 간단하니 낯선 외국 기숙사에서도 엄마의 향기를, 정성을 느낄 수 있으리라. 고사리를 따라 하염없이 숲과 오름을 걷노라면 또르륵 아이들이 보낸 문자가 울리곤 했다.

나의 끊임없는 이동과 안정적이지 않은 삶을 옆에서 지켜보던 친구가 어느 날, 영화를 소개했다. 일본 영화 〈수영장〉이었다. 영화는 선머슴처럼 짧은 머리칼을 한 소녀가 태국 비행장에 내리면서 시작됐다. 태국 치앙마이 작은 수영장이 하나 있는 게스트하우스에서 일하는 엄마를 찾아 온 여행길이다. 엄마는 공항에 마중 나오지도 않았다. 어릴 때부터 자신을 할머니에게 맡기고 먼 곳에서 살아가는 엄마를 찾아온 소녀 사요의 6일 동안의 여행 이야기는 조용하고 느리게 흘러갔다. 엄마의 사연은 나오지 않았지만 아빠는 없는 모양이었다. 멀리 엄마를 찾아온 소녀는 아무렇지도 않게 맞이하는 엄마가 서운하고 자기와는 따로 살면서 엄마 잃은 소년과 같이 살고 있는 것도 못내 서운했다. 엄마 쿄코는 내가 보기에도 좀 신기했다. 아이를 할머니에게 맡기고 멀리 혼자 사는 것에 대해 죄책감이나 미안함을 표하지 않았다. 마치 어제 본 듯 맞이하고 항상 같이 지낸 것처럼 밥상을 차려내고 책을 읽고 시장을 보았다. 시한부 투병을 하는 주인 할머니와, 가족 간에 좋지 않은 기억이 있는 것 같은 청년과, 엄마 잃은 채 엄마를 찾고 있는 고아 소년과, 엄마를 찾아온 소녀와, 버려진 개들과 고양이와 함께 게스트하우스의 날들은 무심하고 따스하게 흘러갔다. 서로의 부재와 버려짐과 떠남으로 생긴 상처는 '반짝반짝 빛나는 수면 위, 마음이 투영되는 공간, 수영장'에서 느리게 흘러가는데….

마침내 엄마와 둘이 저녁을 먹게 된 딸 사요는 오래 묵혀두었던 말을 하고야 만다. 엄마는 나를 맡겨두고 걱정되지도 않았냐고. 어떻게 엄마 하고 싶은 대로만 하고 사느냐고. 딸의 말을 듣고도 엄마 쿄코는 그다지 동요하지 않고 말했다. "사람과 사람이 항상 함께 있는 것이 좋은 것만은 아닐지 몰라"라고. 딸은 이어 말했다. "좋은 건지 어떤 건지 몰라도 나는 엄마와 함께 살고 싶었어."라고.

영화 예고편의 한마디는 이거다. "엄마는 좋아하는 일이 생기면 바로 어딘가로 떠나버려요. 그것도 아주 즐겁게 말이죠."

이들의 5박 6일은 그렇게 지나갔다. 명확하게 따지고 상처를 매만지고 설명하고 울고불고하는 일은 내내 일어나지 않았다. 누구도 들어가 수영하지 않는 수영장에 둘러 앉아 노래를 만들거나, 소원을 비는 등을 만들거나, 노래를 부를 뿐.

어린 아이를 두고 자기 하고 싶은 일이 생기면 바로 떠나버린다는, 그것도 즐겁게 떠나버린다는 엄마 쿄코가 나를 닮았다는 것인지, 담담하게 죄의식 없이 자신의 삶을 살아가는 쿄코의 그 태도를 닮으라는 것인지, 엄마를 찾아와 엄마만의 삶을 가만히 보아주는 상처 입은 딸 사요가 마치 우리 아이들을 닮았다는 것인지, 영화를 보라고 권해준 사람의 마음은 영화를 다 보고도 알 수 없었다.

여하튼든 어느 한 공간에, 바로 그 순간에, 삶의 어느 시기에 모인 서로 다른 사람들이 사연을 캐묻지 않고 가만히 밥을 나눠 먹으며 조용한 한때를 보내는 영화를 보는 일은 평화로웠다.

〈수영장〉에선 엄마 쿄코가 기타를 치며 노래를 불렀다. 고아 소년과 딸과 청년과 어슬렁거리는 개와 함께 수영장 옆에서 노래를 부르는 풍경은 그저 한 생애의 어느 날쯤에 생겨나 평생을 간직하게 될 기억으로 남을 것처럼 고요하고 아름다웠다.

"네가 좋아하는 연분홍 꽃, 꺾어볼까, 말까.
바람이 불어 날아가네, 먼 곳까지 날아가네,

네가 좋아하는 노래 불러볼까. 동그란 웃는 얼굴이 보고 싶으니까.

내가 좋아하는 노래, 너의 노래, 먼 곳까지 전해질까.

별이 내리는 밤은 너의 얼굴, 별을 연결해서 그려볼까.

웃고 있는 걸까, 화내고 있는 걸까, 내가 좋아하는 얼굴, 너의 얼굴,

사랑하고 있어, 사랑하고 있어."

영화를 보고 있는데 아이들에게 문자가 왔다. 마치 나이 든 영감처럼, 장난하듯이. "그대가 더욱 보고픈 저녁이구랴." 둘째 아이다.

조금 있다 또 다른 문자가 왔다. "마미, 마미마미, 사는 곳 근처에 빵집 있어용? 상품권이나 하나 보내줄라고." 여지없이 하트가 두어개 딸려 있다. 첫째 아이다.

나는 영화 속 무심한 엄마 쿄코가 노래하듯이, 답장을 써 보냈다. 내가 좋아하는 얼굴, 너의 얼굴, 사랑하고 있어, 사랑하고 있어, 라고.

나는 이 모든 행동이, 지난날들이, 내 삶의 문양이 아이들에게 상처 따윈 주지 않았을 거라고 믿지도 않을뿐더러 좀 더 크고 자식을 낳으면 다 이해할 거라고도 믿지 않는다. 다만, 그저, 사랑하고 있을 뿐.

엄마 쿄코는 말했다. 5일 동안 만든 커다란 등을 밤하늘에 날리면서. "살아가는 데 우연이란 없어. 매 순간 자신이 원하는 것을 선택해 길을 가는 거야."

얼마 후면 아이들은 여기로 비행기 타고 날아올 것이고 같이 지

내다가 돌아갈 것이다. 나도 상황이 바뀌면 또 집으로 돌아갈 수도 있을 것이다. 영국에 갈 딸이 돌아오기 전쯤 내가 영국으로 날아가 아일랜드까지 같이 여행을 할 수도 있고, 취업을 하게 될 아이가 멀리 있는 곳에 직장을 구하면 거기서 함께 뒹굴어볼 수도 있을 것이다.

그러니, 언제라도, 따로 또 같이. 항상 함께 있는 것이 좋은 것도 아닐 테고, 항상 떨어져 있는 것이 좋은 것도 아닐 것이다. 가까이서도 멀리서도 아이들을 사랑하고 있을 것이므로.

아직 내 지갑에는 엄마가 준 쪽파 냄새 나는 오만 원짜리 지폐가 있고, 내려오기 전에 아이가 손수 만들어준 소원 팔찌 '미산가'가 팔뚝에 매어져 있다. 나는 엄마의 미안함 서린 오만 원짜리가 든 지갑을 들고, 아직 끊어지지 않고 있는 손목의 팔찌를 바라보며 홀로 충만한 하루를 그저 감사하게 보내고 있다. 사랑은 꼭 배우지 않아도 대물림될 수 있을 것이라 의심 없이 믿으면서.

나쁜 엄마란
없다

유숙열 · 문화미래 이프 공동대표

유숙열

1978년 합동통신 기자로 일하다가 80년 언론 통폐합 때 강제 해직되었다. 그 뒤 미국으로 건너가 〈미주조선일보〉 기자로 일하며 여성학 공부를 병행했다.

91년 귀국 후 막 창간된 〈문화일보〉에 합류하여 2004년까지 생활부, 국제부, 문화부를 거쳐 생활문화부장, 여성전문위원을 역임했다.

한국신문윤리위원, 한국방송위원회 2기 방송위원을 역임하기도 했다.

《자기만의 방》, 《한국에 페미니스트는 있는가?》, 《엄마 없어서 슬펐니?》와 시집 《외로워서》를 펴냈다.

옮긴 책으로는 《버자이너 모놀로그》, 《여자를 우울하게 하는 것들》 등이 있다.

현재 사단법인 문화미래 이프 공동대표로 이프 블로그에 페미니즘 관련 번역 활동을 하며 페미니즘 연극을 준비하고 있다.

프롤로그

엄마가 돌아가셨다. 벌써 4년이 가까워 온다. 엄마 없이 산 날들이. 난 옛날에 엄마 없이 못 살 줄 알았다. 그런데 엄마 없이도 잘살고 있다. 이상하다. 이해가 안 간다. 나는 그다지 효녀도 아니다. 그런데 세월이 흐른다고 엄마에 대한 그리움이 줄어드는 게 아니다. 오히려 새록새록 더 그립기만 하다. 그리고 그 그리움은 나를 괴롭히는 고통스러운 감정이 아니라 생을 계속하게 만드는 깨달음과 같은 그런 그리움이다.

결혼한 이래 엄마와 따로 살았기 때문에 엄마를 생각하는 시간이 살아계실 때와 마찬가지인 것 같다. 어떤 측면에선 돌아가셨다는 걸 잘 못 느낄 정도다. 그러니 내게 엄마는 그냥 그대로 엄마 집(그 집은 이미 남의 집이 되었지만)에 계신 것만 같다. 엄마가 병치레를 오래 하셨거나 자식들에게 짐이 되었다면 달랐을까? 잘 모르겠다.

엄마는 2009년 10월 20일 83세에 교통사고로 돌아가셨다. 치매 초기 증세가 가끔 보여서 치매약을 드시고 계셨는데 외출했다가 길을 잃었는지 단골 미장원에 가서 집으로 가는 길을 물었다고 한다. 그런데 집에서 멀리 떨어진 곳에서 차에 치여 돌아가셨다. 그래서 너무나 황망하게 장례를 치렀고, 아직도 엄마가 돌아가신 게 실감나지 않는다.

엄마는 내가 발끝도 따라가지 못할 정도로 도량이 넓고 깔끔한 분이었다. 돌아가신 다음에 집 정리를 하는데 80대 노인이 혼자 산 집이라고 믿기 어려울 정도로 정리가 잘 돼 있었다. 돌아가신 것조차 갑작스럽게 교통사고로 돌아가시니, 그런 깔끔함이 원망스러울 정도였다. 일생을 자식들에게 짐이 될까 뭐든지 혼자서 처리하면서 깨끗하게 산 것이다.

이제 와서 생각하니 내가 단 한 달이라도 엄마를 모시고 살지 못한 게 한스럽다. 엄마는 워낙 고집도 세고 자존심도 강해서 서울에 사는 나에게 얹혀사는 건 꿈에도 생각지 않았다. 혼자 사는 모습이 안타까워서 그런 얘기를 할라치면 무섭게 화를 냈다. 내가 내 집 두고 어딜 가냐고!

엄마는 70대를 넘기면서 새삼 인생이 허무해졌는지 한숨을 쉬면서 '허무해'를 입에 달고 살았다. 노인네가 누구 들으라는 것도 아니고 혼잣말처럼 읊는 '허무해'는 자식 입장에서 정말 잔인했다. 그러나 70, 80대 노인의 '허무해'는 자식들이 효도나 그 외 다른 방법으로 도울 수 있는 감정이 아니었다.

또 엄마는 "바보가 된 것만 같아", "나 안 그랬는데 한 해가 달라" 하며 탄식을 했다. 그러고는 한밤중에 노트를 꺼내 전기세, 수도세, 전화요금 등 각종 공공요금 용지를 펴놓고 계산을 했다. 왜 그걸 하느냐고 물으면 "내가 제대로 하나 보려고 그런다"고 대답했다. 노인네가 잠이 안 와 그랬을 수도 있고 치매가 걱정되기도 했을 테고 가실 날이 멀지 않았다는 무언의 시위이기도 했을 것이다.

그런 엄마 앞에서 나는 항상 마초맨이 되곤 했다. 엄마, 나 이거 먹고 싶어, 저거 먹고 싶어, 하면서 뭘 먹자고 졸랐다. 엄마 집에서 자는 날이면 술을 사다가 엄마에게 옛날 얘기를 들으면서 마시기도 했다. 엄마는 술에 알레르기 체질이라 못 드셨지만 내가 마시는 것까지 막지는 않았다. 대학시절부터 술고래였던 딸에게 엄마는 "500CC(?)만 마시라"며 모르는 척 안주도 챙겨주었다. 엄마 앞에서 내 어린 시절(엄마의 젊은 시절) 얘기를 들으며 마시던 술자리가 지금도 그립다.

어떻게 남의 손에 아이를 맡기냐고?

여성들이 엄마를 더 생각하게 되는 계기는 자식을 낳고 기르면서이다. 아이를 낳고 나서 자신을 낳은 엄마를 생각하고 어린 시절을 돌아보게 되는 것이다. 따라서 자식을 키우는 것은 언제나 3대의 이야기가 된다. 자식으로서의 나, 엄마로서의 나, 그리고 나 자신. 그러나 엄마에게는 엄마로서의 의무감과 책임만이 주어지기 십상이며 개인으로서의 자아는 쉽사리 허용되지 않는다.

딸아이가 벌써 서른 살이 넘었다. 딸은 남자친구가 있어 양가 상견례도 마치고 결혼을 몇 달 앞두고 있다. 아마도 그래서 그런 얘기가 나왔을 것이다. 내 생일이었고 딸애가 남자친구를 데리고 와서 단골 식당에서 생일파티를 하는 중이었다.

외국계 기업에서 통역사로 일하고 있는 딸아이는 결혼하고 아이 키울 일을 걱정했다. 결혼 후에도 일을 계속할 생각이라서 누군가 아이를 돌봐줘야 하는데 "어떻게 남한테 아이를 맡기냐"며 "나는 그렇게 못할 것 같다"고 말했다. 기가 막혔다. 나는 그 애가 8개월 됐을 때부터 미국, 홍콩, 프랑스, 인도 등 국제적인(?) 베이비시터에게 맡기고 직장과 학교를 병행하며 키웠기 때문이었다.

딸아이는 우리 부부가 유학하던 미국 뉴욕에서 태어났다. 그래서 학교 근방에서 베이비시터를 구했고 대부분의 베이비시터가 외국 유학생의 부인이었다.

"네가 바로 그 남이 봐줘서 잘 자란 아이야. 그런 소리 하면 너 봐줬던 베이비시터들이 섭하지!"

내 말에 다들 한바탕 웃었지만 그건 정말 심각한 문제였다.

우리 엄마는 딸아이가 두 살 때부터 2년 반이나 맡아 키워주었다. 당시 시어머니는 아이를 친정 엄마에게 맡기러 한국에 온 나를 직접 혼내지는 못하고, 미국에서 공부 중인 아들을 "독한 놈"이라고 욕하며 "자식을 남에게 맡기고 공부는 해서 뭐 하냐"고 말씀하셨다.

나는 그때 애꿎은 아들을 탓하며 친정 엄마를 '남'이라고 표현하는 시어머니가 서운했다. 그래서 눈을 동그랗게 뜨고 시어머니께 말대답을 했다. "어머니, 저를 낳아주고 길러준 분이세요. 왜 남입니까? 저보다 잘 키워주실 거예요."라고. 그랬더니 우리 시어머니가 기가 막힌 듯 나를 쳐다보며 "너 참 대단하구나!"라고 말씀하셨다.

그때 시어머니 말씀에 심각한 의미가 담기지 않았다는 것을 알았지만 나는 그냥 넘어갈 수가 없었다. 더구나 그때 나는 여성학 공부를 시작하려고 아이를 떼놓는 것이라 가부장제 문화에 대해 독(?)이 올라 있었다. 시어머니가 말씀하신 '독한' 사람은 사실 아들이 아니라 며느리였던 것이다.

딸아이가 4살 때 다시 미국으로 데려와 키울 수 있었던 것은 전적으로 우리가 뉴욕에서 살았기 때문이었다. 아이는 뉴욕 맨해튼에 있는 공립학교에 다녔는데 일하는 엄마들이 많아서인지 학교에서 아침과 점심을 모두 주었고 또 학교 수업이 끝난 후에도 방과후 교실이 있어서 저녁 6시까지 아이를 봐주었다. 그리고 학용품이나 학교 과제물도 모두 학교에서 줬다. 부모들은 정말 할 일이 없었다.

아침에는 도시락도 안 싸고 스쿨버스를 태워 보내기만 하면 되었고 저녁에 아이를 데려오기만 하면 됐다. 그러니까 우리 세 식구 저녁 한 끼만 해결하면 됐는데, 그것은 그다지 어려운 일이 아니었다. 당시는 80년대였고 한국 상황에서는 꿈도 못 꿀 일이어서 난 정말 아이 교육에 관한 한 운이 좋았다고밖에 말할 수 없다.

그리고 법정공휴일이나 부활절이나 추수감사절, 방학 같은 휴가 기간에도 아이들을 돌봐주는 시스템이 갖춰져 있어서 일하는 엄마가 아이 때문에 발목 잡히는 일이 없었다. 또한 비용은 대부분 수입에 따라 조정이 돼 부담스럽지 않았다. 방학 때면 캠핑 프로그램에 보낼 수 있어서 아이는 결핍감 없이 잘 자랄 수 있었다.

문제는 한국에 돌아온 다음에 생겼다. 우리는 1991년 가을 한국으로 돌아왔다. 나는 돌아오자마자 바로 새벽에 출근하는 석간신문(문화일보)에 취직을 했고 아이는 도시락을 싸 가야 했다. 그런데 나는 아이 도시락을 싸준 기억이 별로 없다. 아이가 제 손으로 도시락을 싸 가는지 어떤지도 모른 채 시간에 쫓겨 출근한 날이 더 많았기 때문이다.

언젠가 TV 토론에 패널로 출연해 "나는 새벽에 출근하느라 딸아이 도시락도 못 싸줬다"고 말하며 과잉 교육열에 불타는 엄마들 문제가 여성문제라는 요지의 발언을 한 적이 있다. 그때 딸아이가 그 방송을 보고는 그게 무슨 자랑이라고 그런 말을 하느냐고 나를 야단(?)쳤다. 그뿐이 아니다. 딸아이는 제사나 명절 때 며느리 구실을 제대로 못하는 엄마를 위해 할머니에게 "일하는 엄마의 고충을 이해해 달라"고 로비(?)를 벌이기도 했다. 그렇게 아이는 언제나 내 편이었다.

내 꿈은 '현모양처'가 아니었다

나는 정말 베이비시터들과 친정 엄마, 미국 학교가 아니었으면 애도 제대로 키우지 못했을 것이다. 나는 어릴 때부터 애 키우고 살림하는 것을 좋아하지 않았다. '현모양처'를 꿈꾸지도 않았다. 그런 것과는 아주 거리가 멀게 살았다. 그래서 누가 아이를 보더라도 나보다는 나으리라고 확신했다. 나를 낳아주고 길러준 엄마가 아이를 봐줄 때는 더할 수 없이 좋았다.

아이 돌보기에 있어 나보다 남을 더 믿은 나도 한국 유학생 부인들한테 아이를 맡긴 적은 없다. 유학생 모임에서 만난 부인들 중 베이비시터에게 아이를 맡기는 나에게 우호적인(?) 사람이 하나도 없었기 때문이었다. 같은 유학생 부인 입장인데 누구는 아이를 맡기고 또 누구는 아이를 봐주고 돈을 받는다는 것이 서로가 불편한 일이었다.

우리가 유학했던 때는 1980년대였고 그때만 해도 유학생 부인이 일을 하거나 공부를 하는 경우가 드물었다. 노동 허가가 없는 유학생이 일하는 것은 불법이었다. 간혹 일을 하더라도 교포가 운영하는 한식당 웨이트리스나 봉제공장, 상점 캐셔가 전부였다.

그런 측면에서 보자면 직장과 학교를 병행한 당시의 나는 유학생 부인으로서는 정말 '별종'이었다. 나는 한국 신문의 뉴욕 지사에서 일을 하고 있었고 게다가 이름도 생소한 '여성학'을 공부하고 있었다. 그러느라 아이를 한국에 보낸다니 나를 향한 시선이 고울리가 없다는 것을 나도 잘 알았다.

　그런데 또 달리 생각하면 내가 벌어서 내가 하고 싶은 공부를 한다는데 왜 다른 사람들의 시선까지 걱정해야 했는지, 지금 생각하면 억울하고 또 어이가 없다. 지금도 그렇지만 그때는 애 딸린 엄마가 자식을 떼어놓고 자기 '욕망'을 추구한다는 것이 마치 죄를 짓는 것만 같은 그런 분위기였다.

그래, 나 나쁜 엄마다, 어쩔래?

　그날도 이런저런 유학생 모임이었을 것이다. 언제나처럼 유학생 따로, 부인들 따로 몰려 앉아 이야기를 하고 있었다. 나도 자연히 부인들 자리에 꼈는데 그날의 화제가 문제였다. 내가 있어서 화제가 그리 됐는지 아니면 모두가 고만고만한 아이들을 둔 젊은 엄마라는 공통점 때문에 그리 됐는지 모르지만 어쨌든 그날의 화제는 아이 돌보기에 관한 것이었다. 30년 전 일인데도 사람들이 얘기한 내용이 정확하게 기억이 난다.

　그들은 내가, 딸을 봐주는 베이비시터가 중국 사람이라고 말하면 중국 사람들은 '더러워서' 아이를 맡길 수 없다고 말하고, 인도 사람이라고 말하면 인도 사람은 '하루 종일 울리다가 엄마 올 때만 봐준다'고 하고, 미국 사람이라고 말하면 '약 먹고 아이를 오븐에 넣는다'고 말했다.

아이는 무조건 엄마가 돌봐야 하고 그렇지 않으면 아이에게 나쁜 영향을 미친다고 확고하게 믿고 있는 것 같았다. 나는 그들이 인종차별적인 편견으로 가득 찬 발언을 하면서 나 한 사람을 놓고 죄의식을 강요하는 듯한 분위기를 만드는 데 부아가 치밀었다. 그래서 아이를 한국에 보낼 거라고 말해버렸다. 사실 그런 계획을 갖고 있기도 했다.

나는 그 화제가 얼른 끝나길 바랐다. 그래서 그렇게 말한 것이다. 일하는 엄마와 전업주부 사이의 미묘한 전선 같은 것이 형성되어 있었고 나만 혼자 코너에 몰려 미운 오리 새끼가 된 듯한 기분이었다. 속으로는 '그래, 나 나쁜 엄마다. 어쩔래?' 하는 생각도 들었다. 그런데 그들은 거기서 멈추지 않았다.

내가 아이를 한국에 보낼 거라고 얘기하자 이번에는 한국에 갔다가 실어증에 걸려서 돌아온 아이 얘기를 했다. 그 애가 말도 잃어버리고 식탁 밑에 들어가 나오지도 않으면서 구조건 할머니한테 가는 비행기 티켓만 내놓으라고 한다는 것이다.

나는 그들이 그렇게 베이비시터를 혐오하며 아이 떼놓는 것을 반대하는 진짜 이유가 뭘까 궁금했다. 아이를 맡기고 일하는 여자에 대한 시기와 질투 때문이었는지 아니면 본래 남에 대한 배려심이 없는 사람들이었는지 알 수 없다. 어쨌든 그날 그들은 일치단결하여 나 하나를 나쁜 엄마로 만들었고 나는 그 자리에 앉아 있는 것이 정말 고역이었다. 덕분에 아이와 떨어질 일이 더욱 걱정되었던 것도 사실이다.

그런데 그 자리에 같이 앉아 있던 사람 중 한 엄마가 다음날 나한테 편지를 보냈다. 미안하다고. 나는 그 편지를 받고 울었다. 그리고 그 편지로 전날의 괴로움이 전부 해소되었다. 어느 엄마가 자식과 떨어지고 싶겠는가? (아, 아이를 하루 종일 볼 땐 제발 좀 아이와 떨어져 있고 싶다는 생각이 들기도 한다.) 그런데 자기가 내 입장을 생각 못하고 다른 사람들에게 휩쓸려 나에게 상처 주는 얘기를 거들었다고 사과 편지를 보낸 것이었다.

그 시절 다른 엄마들한테 가장 많이 들은 소리가 '어떻게 아이를 남한테 맡기냐?'는 것이었다. 그러면 남한테 아이 맡기고 일도 하고 공부도 한 나는 자동적으로 나쁜 엄마가 되는 것인가? 그런데 저 때문에 내가 지겹도록 들은 그 말을 바로 내 딸이 30년 후에 똑같이 하는 것이었다. 그건 마치 내면의 적(?)과 맞닥뜨린 그런 기분이었다. 이런 배신자 같으니라고!

아들은 잡초처럼, 딸은 화초처럼?

아마도 그날은 우리 집에서 모임이 있었던 것 같다. 부부동반 모임이 아니고 남자들만 모인 자리였다. 당시 유학생 사회에서 모임이 있으면 항상 남자와 여자의 좌석이 뚜렷하게 구분되었다. 남자들은 거실 중심에 모여 앉아 공부나 시국 이야기를 하고, 여자들은 부엌 가까운 쪽에 아이들을 끌어안고 모여 앉아 아이들 얘기며 남편 얘기를 나누었다. 그러다 남편들이 음식을 주문하면 잽싸게 음식을 대령하는 식이었다.

나는 그것이 매우 불편했다. 여자가 해준 음식을 먹고 마시면서 어째서 여자는 이야기에 끼지도 못하는 것인가? 그래서 우리 집에서 모임이 있는 날은 그 불문율을 깨버렸다. 남편에게도 음식 수발을 시켰다. 음식 세팅이 끝나자 나도 남자들 자리에 앉아 대화를 나누었다.

처음에는 이상하게도 나와 눈을 맞추는 사람이 없었다. 대화를 하려면 눈을 맞추는 것이 필수다. 그런데 어쩌다 눈이 마주쳐도 황급히 고개를 돌리거나 시선을 피하거나 했다. 마치 벽이나 허공에 대고 얘기하는 것만 같았다. 아니 지금이 조선시대도 아니고 내외하나?

어쨌든 나는 그런 이상한 내외법(?)을 무시하고 우리 집에서는 여자도 같이 화제에 끼어 말할 수 있도록 했을 뿐만 아니라 종종 여성문제를 화제에 올리기도 했다. 처음에는 어쩔 줄 몰라 하던 사람들도 나중에는 익숙해졌는지 다른 유학생 집에 초대받아 가보면 여자는 나 혼자인 경우도 있었다. 나는 유학생 사회에서 '명예 남자' 혹은 '별난 여자' 취급을 받게 된 것이다.

어느 날 손님은 전부 남자들이고 여자는 나 혼자인 자리가 있었다. 남자들과 토론한 그날의 주제는 '아이 키우기'로 아빠들의 양육철학이 숨김없이 드러났다.

한참 갑론을박이 있은 후 내가 아이를 "무성적(無性的)으로 키우고 싶다"고 말하자 갑자기 격렬한 반응이 나왔다. 거기에 있던 모든 남자들이, 뜻밖에도 내 남편까지 반대 의사를 표했다. 곧 박사가 되고 교수님이 되실 그 유학생들이 그렇게 흥분한 모습을 보인 것이 나로서는 정말 뜻밖이었다.

내가 별 생각 없이 한 말에 다들 벌떼같이 달려들어 이러쿵저러쿵 반대 의견을 말하느라 정신이 없었다. 그렇게 뜨거운 반응이 나오자 나도 놀랐다. 언제부터 아빠들이 자녀 양육 문제에 이렇게 관심을 가졌나, 이해되지 않을 정도로 열심이었다.

문제는 '무성적'이라는 단어에 있었다. 말 한마디 잘못했다가 나는 그 자리에서 완전 묵사발이 되고 만 것이다. 그들 얘기의 요점은 남자와 여자가 엄연히 성이 다른데 어떻게 무성적으로 키우겠다는 것이냐고, 그건 부모의 또 다른 월권이고 억압이라며 내 의견에 반대했다.

남녀에 대한 고정관념으로부터 아이를 자유롭게 키우겠다는 단순한 얘기였는데, 하나의 의견으로 그냥 수용하면 될 것을 왜 그렇게 난리를 치며 반대했는지 지금도 의아하다. 그들은 한결같이 내 생각이 틀렸다는 것을 나에게 납득시키기 위해 열심이었다. 공부하는 사람들의 특징이었을까? 아니면 아이를 남(?)한테 맡기고 직장생활도 하고 공부도 하며 자기들 화제에 끼어들어 의견을 말하는 유학생 마누라가 아니꼬웠나?

어쨌든 장래의 박사님, 교수님들이 그날 격렬한 토론 끝에 합의한(나 빼고!) 육아법은 '아들은 잡초처럼, 딸은 화초처럼'이었다. 아들은 험난한 세상의 파도를 헤쳐 나가도록 잡초처럼 키워야 하는 반면 딸은 온실 속 화초처럼 곱게 키워 좋은 남자를 만나게 해주면 된다는 것이었다.

당시에 나는 속으로 남자들의 교육관을 비웃었다. 박사님, 교수님 아빠들이 아들에게 제공할 수 있는 '잡초처럼'의 실체는 무엇이고 그 한계는 어디까지일까? 유럽 배낭여행? 아르바이트 시키기?

딸은 또 어떤가? 그들이 생각하는 '화초처럼'의 실체는 무엇일까? 그것은 사실 여자의 활동 반경을 온실로 제한하고 구속하겠다는 족쇄에 다름 아니지 않은가.

그날 밤 우리는 부부싸움을 크게 했다

그날 밤 우리 부부는 크게 부부싸움을 했다. 이름을 붙이자면 '잡초론'과 '화초론'의 대결이라고나 할까. 이제 돌이 갓 지난 1살짜리 아기를 놓고 "화초처럼 키우지 않겠다"는 엄마와 그에 동의하지 못하는 아빠 사이에 전쟁이 일어난 것이다.

"남자는 세상을 떠돌아다닐 수 있지만 여자는 부뚜막 근처를 배회할 뿐"이라고 말한 이가 퇴계 이황이었던가? 딸들에게 적용된 '화초론'은 한국 여자들에게는 아직까지 시계가 조선시대로 맞춰져 있다는 증명이나 마찬가지였다.

나는 21세기를 살아갈 내 딸이 그런 케케묵은 구속에 얽매어 살기를 바라지 않았다. 더구나 페미니스트인 내가 그런 엄마가 될 수는 없었다. 그래서 나는 딸을 일찍 결혼시키지 않을 것이라고 말했다. 그러자 남편은 그런 결정을 엄마가 할 수 있다고 생각하는 내가 가소롭다는 듯이 "애가 스무 살이 넘어 결혼하겠다고 우길 때도 그럴 거냐"고 물었다.

그래서 나는 "결혼보다 시급한 것이 자기 자신을 세우는 것이기 때문에 자신의 일을 확실하게 잡고 나서 결혼해도 늦지 않다고 말해줄 것"이라고 말했다. 그러자 남편은 부모의 허락 없이도 결혼할 수 있는 법정 나이를 들먹이며 하겠다는 결혼을 어떻게 말릴 것이냐고 물었다.

젊은 남녀가 결혼하겠다는 데는 여러 가지 이유가 있겠지만 단연코 우선적인 것은 성적인 문제다. 그래서 나는 남편에게 "당신 자신을 되돌아보라"고 말하며 "젊은 남녀가 결혼하겠다는 것은 같이 자고 싶다는 얘기고 결혼을 염두에 둔 사이라면 섹스 문제도 중요하다. 두 사람이 성문제를 무시하고 결혼하는 것은 모험이다. 그애가 자랐을 때 성문제로 부모의 허락을 구할지 모르겠지만 어쨌든 나는 혼전관계는 인정할 수 있지만 결혼은 여러 가지 여건이 허락할 때 하라고 조언할 것"이라고 말했다.

남편은 내가 페미니즘의 영향으로 딸을 너무 개방적으로 키울까 걱정한 것 같다.

어쨌든 나는 유학생 사회에서 기피 인물이 되었다. 부인들에게 여성해방이라는 위험한 물을 들일까 우려한 남편들이 기피하는 경우도 있었고 신학문이던 여성학에 대한 부인들의 미심쩍은 적대감 때문이기도 했다.

그런데 자기 부인 좀 물들여달라고 얘기하는 남편도 있었다. 말은 그렇게 했지만 자기를 좀 더 이해해달라는 정도지 진짜로 자기 부인이 페미니스트가 되는 걸 원하는 사람은 없었다. 남편은 다른 유학생들이 "자기 일에 바빠 남편에게 잔소리할 시간이 없을 것 같은 페미니스트의 남편을 부러워한다"는 말을 한 적이 있다. 그러니 그들에게 페미니스트란 '남편에게 잔소리 안 할 것 같은 여자' 정도였던 것이다.

30년 후의 실전 성교육

그 시절로부터 30년이 흘렀다. 그리고 내 딸한테 남자 친구가 생겼다. 딸은 데이트를 하느라 신데렐라도 아니면서 매일 밤 자정을 아슬아슬하게 넘겨 집에 들어온다. 얼굴 보기도 힘들 지경이다. 주말에도 눈만 뜨면 외출이다. 집에서는 밥도 잘 안 먹는다.

1년 전만 해도 칼퇴근을 해서 꼬박꼬박 집에서 밥을 먹어 "야, 20대 청춘시절이 다 가는데 제발 연애 좀 해라"라고 닦달을 했다. 그러던 아이가 지금은 남자한테 폭 빠져 부모는 나 몰라라 하며 살고 있다.

어느 날 딸은 제주도에서 컨퍼런스가 있어서 다녀오겠다고 했다.

나는 딸의 직업이 통역사인지라 통역하러 가는 줄 알았다. 그런데 알고 보니 남자 친구가 강연 초청을 받았고 딸은 피앙세 자격으로 따라가는 것이었다. 주최 측에서 호텔도 잡아줬다고 한다. 나는 드디어 올 것이 왔구나 싶었다.

막상 닥치고 보니 그리 만만한 일이 아니었다. 나는 그 애가 한 살 때부터 '혼전관계 인정'을 공언한 사람이다. 그래서 막 기쁘고, 즐겁고(?) 그렇지는 않았지만 내가 한 과거의 발언을 상기하며 "그래, 재미있게 놀다 와라" 하고 쿨하게 보내줬다. 그렇지만 왠지 마음 한구석이 쓸쓸해지고 무언가를 잃은 것만 같은 이상한 기분이 들면서 걱정이 되었다.

그래서 비행기에 탑승할 시간 즈음에 둘이 같이 볼 것을 계산하고 딸에게 문자를 보냈다. "신혼여행 가는 기분이라고 덜컥 임신해서 결혼을 서두르려는 건 아니지? 피임 필수!" 딸애는 잠시 시간이 지난 후 이모티콘만 가득 찬 답장을 보냈다. 그 문자 메시지를 마지막으로 딸에게 성교육을 끝내기로 했다. 더 이상은 프라이버시 침해가 되기 때문이다.

일하는 엄마를 변호하고 돌봐준 특별한 딸

내 딸은 나에게 특별한 존재다. 부모치고 특별하지 않은 자식 있을까? 더구나 하나뿐인 자식인데. 그러나 그 때문이 아니다. 그 애는 30년 동안 나를 화나게 하거나 속을 썩인 적이 없다. 신문기자로 일하랴, 여성운동 하랴 바빠서 자기를 돌봐주지 못한 엄마에게 섭섭한 마음도 있으련만 그 애는 서운한 기색 하나 없이 무엇이든 스스로 했다. 또 어느 정도 자라서는 일하는 엄마를 변호하고 돌봐주는 역할까지 했으니 정말 특별한 딸이다.

그 애는 내가 제 아빠와 이혼했을 때도 엄마나 아빠를 탓하는 소리를 한 번도 한 적이 없다. 우리 부부가 이혼할 당시 딸은 대학생이었다. 그 애는 나하고 같이 살았다.

그러다 내가 심각한 병이 들자 재빨리 보호자 모드로 전환해 나를 돌봐주었다. 딸아이는 "아빠가 없으니까 내가 엄마의 유일한 보호자야. 그러니까 엄마는 내 말에 복종(?)해야 돼"라고 말했다.

그리고 걸음도 제대로 못 걷는 나를 한강공원으로 데리고 나가 같이 걸으면서 나를 살렸다. 그 애가 없었다면 그 시절을 혼자서 어떻게 버텼을까, 상상만 해도 끔찍하다. 내가 남편과 다시 재결합할 수 있었던 것도 그 애 덕분일지도 모른다. 그래서 사람들이 자식을 낳는가 보다.

이제 와 생각하면 딸아이가 그렇게 범생이 착한 딸이 된 것은 어쩌면 우리가 자식에 대한 욕심이 없었기 때문일지도 모른다. 나는 아이에게 무언가를 가르치려고 해본 적이 없다. 그러기에는 내 삶이 너무 바빴다.

내가 이렇게 말하면 교육자들이 들고 일어나 나한테 달려오지 않을까 겁이 난다. 사실 나는 엄마들이 자식 핑계 대고 자신을 방

치하는 것이 자녀교육에 더 나쁜 영향을 미친다고 생각한다.

딸에게 내가 바라는 것은 소박하다. 인생의 쓴 맛 단 맛 다 보면서 열심히 사는 것이다. 딸은 내가 아플 때나 힘들 때 언제나 한 몸처럼 내 수호신 역할을 했다. 그 애가 내 몸에서 나왔으니 엄마와 딸은 이심동체(二心同體)다.

내 몸에서 나온 아이가 성인이 되어 제 짝을 찾았으니 그 아이도 결혼해서 아이를 낳으며 내 생각을 더 하게 될 것이다. 그때 그 아이가 추억하는 내가 과히 나쁘지 않기를 바란다.

큰 사과 하나?
작은 사과 둘!

신혜원 · 서경대 아동학과 교수

신혜원

삼성 어린이집, 대학부속 어린이연구소 등 교육현장에서 10여 년간 일하면서 일하는 엄마의 아이가 건강하게 성장하는 데 필요한 다양한 일들을 해왔다. 교육현장에서 일하면서 고민하게 된 다양한 문제를 해결하기 위해 놀이치료 과정과 박사 공부를 하게 되었다.

일하는 엄마와 함께 사는 아이들에게 필요한 것은 '태어나서 처음 만나는 선생님이 반드시 좋은 선생님이어야 한다'는 신념으로 서경대학교 아동학과에서 학생들을 가르치고 있다.

일하면서 아이를 키우느라 일찍부터 좋은 엄마에 대한 희망을 내려놓았기에 좀 이기적이지만 아이들을 응원하는 엄마가 되려고 했다. 그런데 이제는 아이들이 엄마를 응원하고 위로해 주어 좋은 친구를 얻은 기분이다.

작은 사과 둘을 가지면 돼

　내 안에는 언제나 두 가지 가치관이 충돌하고 있었다. 여자의 삶이란 한 가정의 현모양처로 살아가는 것이며 이것이 가장 가치 있다고 믿으셨던 어머니 덕분에 딸로 태어난 나는 어머니의 가치관을 아주 자연스럽게 받아들이게 되었다. 어머니는 자신의 가치관에 충실하게 딸을 교육시키셨다. 한 가정을 운영하는 아내, 엄마로서의 역할이 어떠한 것인지에 대해 늘 가르치셨고 몸소 모범을 보이셨다. 덕분에 나도 모르게 엄마란 자신보다는 자녀를 먼저 배려하는 사람, 아내란 남편을 배려하고 보조하는 사람이라는 인식이 각인되었다. 또한 무엇보다 '가족'이 가장 소중하다는 우선순위를 자연스럽게 수용하게 된 것 같다.

　그런데, 학교에 다니면서 여러 가지 경험과 교육을 통해 자아실현에 대한 가치관을 갖게 되었다. 한 인간으로서 자신의 능력을 발휘하고 자신의 가치나 역할을 확인하며 사는 것이 당연하고 또한 가장 행복하고 가치 있다는 생각을 하게 되었다.

1980년대는 일하는 여성이라도 결혼을 하거나 자녀가 태어나면 직업보다는 가정과 자녀를 선택하는 것이 올바르다는 사회적 인식이 높은 시기였다. 나는 이런 사회적 분위기에 대해 나름 반항심을 가지게 된 것 같다. 왜 육아 때문에 여자가 직장을 그만두어야 하는 걸까? 여자도 자신의 삶이 있는데… 여자가 계속 취업을 유지한다면 결혼은 하지 말아야 하는 것인가? 이런저런 생각을 하던 차에 존경하는 교수님의 한마디가 내 가슴에 꽂혔다.

"큰 사과 하나를 가지려고 하기보다는 작은 사과 2개를 가지면 된다!"

교수님 말씀은 가정과 직업 둘 중에서 고르려고 하기보다는 가정과 직업을 둘 다 가지되, 각각에서 자신이 할 수 있는 만큼만 역할을 하면서 2가지 모두를 누리는 것도 현명한 방법이라는 것. 그때부터 나는 "작은 사과 2개"를 가지는 쪽을 선택했다.

한편, 그 당시 직업을 갖는 여성들이 증가하면서 국가적 차원에서 보육에 관심을 갖기 시작했다. '여성이 마음 놓고 일할 수 있는 사회 만들기'라는 주제가 내 관심을 화~~악 끌어당겼다. 나는 석사과정에서도 보육 관련 논문을 쓰면서 보육에 매달리기 시작했다. 일하기 원하는 여성을 지원할 수 있는 보육이라는 것을 내가 앞장서서 해보고 싶었다. 엄마가 일을 해도 아이가 건강하고 밝게 성장할 수 있는 환경을 만들고 싶었다. 그래서 석사 졸업 후 어린이집 교사로 일하기 시작하였다. 그때 나는 결혼을 한 상태였고 큰 아이가 8개월이었다.

　내가 취업하기로 한 어린이집은 규모가 아주 큰 기관이어서 18 개월 이상 연령부터 입소가 가능했다. 때문에 8기월 된 아이를 돌 보아 줄 보육시설을 찾아야 했다. 보육시설을 찾기 시작하면서 나 는 좌절할 수밖에 없었다. 내가 출근하기 전에 아기를 맡겨야 하므 로 늦어도 8시 30분에는 아이를 맡겨야 하는데 당시 우리 집 주변 의 놀이방이나 어린이집은 가장 이른 등원 시간이 9시 이후였다. 대부분 9시 30분이나 10시경에 시작한다고 했다. 더 기가 막힌 사 실은 놀이방은 소규모 보육시설로써 어린 영아부터 보육이 가능한 기관이라고 알고 있었는데, 우리 집 주변 놀이방 중에 8개월 된 아 이를 보육하는 곳은 없었다. 집 주변 놀이방은 모두 24개월 이상 아이만 보육한다며 8개월 아이를 맡기려는 나를 오히려 질책하였 다. 이렇게 어린 아이를 두고 왜 직장에 다니려고 하느냐고!

　이런 보육 현실을 경험하면서 우리나라에서 여자가 일하기 위해 서는 친정 어머니와 같은 가족의 도움이 없이는 불가능하다는 사 실을 다시 한 번 확인하게 되었다. 그리고 이런 현실을 바꾸고 싶 다는 오기가 생겼다.

　다행히 아는 분이 아이를 맡길 만한 도우미를 찾아 소개시켜주 었다. 이렇게 나의 "작은 사과 둘!"이라는 삶은 시작되었다.

문 하나를 열면, 다른 문은 닫아라!

2개의 사과를 가지기 위해서는 에너지와 시간을 직장과 가정에 잘 분배해야만 했다. 그러나 쉬운 일은 아니었다. 밤새 열나고 아팠던 아이를 맡기고 출근하는 날이면 아이가 걱정이 되었다. 직장 일을 마무리 짓지 못한 채 아이 돌봐주는 아주머니와의 교대 시간 때문에 집에 뛰어 들어온 날은 마무리 짓지 못한 일이 머릿속에서 떠나지 않아 몸은 집에 있으나 여전히 직장 일을 생각하고 있었다.

그런데 직장에서 가정 일을 걱정하거나 집에 돌아와서 직장 일을 생각하는 것이 비효율적이라는 것을 깨닫게 되었다. 특히 아이들이 어릴 때는 하루 종일 엄마를 기다린 아이들이 매달리고 놀아달라고 하는 통에 책상에 앉거나 집중할 수 있는 상황이 아니었다. 또한 밤새 아팠던 아이를 아주머니께 맡기고 출근하면 아이가 걱정되지만 나는 일에 집중할 수밖에 없었다.

그래서 스스로 규칙을 하나 만들었다. 출근하면서 우리 집 현관문을 닫을 때 내 머릿속 집안일에 대한 생각의 문도 닫는 것이다. 출근하는 길에는 곧 해야 할 직장 일을 떠올리고 집중하려고 노력했다. 반대로 퇴근할 때는 직장의 문을 닫는 순간 직장 일에 대한 생각의 문을 닫는 것이다. 그리고 집에 돌아가서 오늘 해야 하는 집안일과 아이들에 대해 생각하면서 가정으로 돌아갔다. 처음에는 쉽지 않았지만 반복해서 집중하다 보니 한쪽 문을 닫고 한쪽 문을 여는 것에 익숙해졌다.

이렇게 할 수 있었던 것은 무엇보다 집에서 아이들을 돌보아주는 아주머니를 절대적으로 믿고 신뢰할 수 있었기 때문이다. 같은 동네에 사는 분인데 가족보다 더 믿고 의지할 수 있었기에 일과 가정을 양립할 수 있었고, 지금까지(올해로 24년이 되어간다) 한결같이 우리 집에 와서 나를 도와주신다. 특히 태어날 때부터 아주머니가 돌봐준 둘째 아이는 아주머니를 "낮에 엄마", 나를 "밤에 엄마"라고 부르며 자랐다.

　직장 일을 마무리 짓고 집에 가서 쉬고 싶은 마음은 간절했지만 아이들이 어릴 때는 아이들이 잠들기 전에는 쉴 수가 없었다. 그래서 퇴근해 집 현관문을 열기 전에 '심호흡'을 깊게 3번쯤 하는 버릇이 생겼다. 문을 열기 전에 심호흡을 하면서 제2의 직장 문(가정)을 여는 것이다. 오늘은 어떤 일이 기다리고 있을까? 걱정 반 기대 반, 오늘은 제발 아이들이 빨리 잠들어 조금 더 쉴 수 있기를 바라는 마음이 뒤섞여 있었다.

　아이들이 빨리 잠들기를 바라지만 하루 종일 엄마를 기다린 아이들은 엄마와 좀 더 많은 시간을 보내려고 하면서 가능한 늦게 자려고 하였다. 이런 아이들의 마음을 알기에 퇴근해서 집에 오면 짧은 시간이지만 아이들에게만 집중하려고 했다. 그래야 아이들의 욕구가 해결되어 잠들기가 타협되었기 때문이다. 그래서 가능한 아이들과 같이 밥을 먹으며 아이들만 바라보았고 아이들이 종알거리는 이야기에 귀 기울이려고 노력했다.

　아이들이 어릴 때는 저녁 먹은 후에 욕실에서 아이들과 물놀이를 한 판 한 후, 아이들을 씻기고 방 전체에 이불을 깔고 나란히 누워 뒹굴뒹굴하면서 잠들 준비를 했다. 책을 읽어주기보다는 지친 나도 쉴 겸 아이들과 누워서 몸을 부비고 장난치다가 10시가 되면 무조건 모든 불을 끄고 아이들이 잠들도록 했다. 아이들이 잠들고 나면 맘 편히 쉴 수 있었기에 그 시간이 하루 중에 가장 좋았다.

모두를 만족시킬 수는 없다

직장인으로서의 역할과 가정주부, 엄마, 아내, 며느리, 딸 역할을 병행하기 위해서는 매주, 매일의 계획을 잘 세워야만 했다. 내게 요구되는 각 역할은 언제나 넘치게 많았기 때문에 내가 할 수 있는 범위 내에서 중요한 일의 우선순위를 잘 결정해야만 했다. 특히 아이들이 어릴 때(영유아 시기)는 아이들을 돌보는 데 많은 시간과 에너지를 집중해야 했기 때문에 더 분주했다.

이처럼 나는 내 시간과 에너지를 최대한 사용하고 있었지만 내 주변 사람들은 자신들의 기대에 미치지 못하는 내게 늘 섭섭해 하는 것 같아서 속상하기도 했다. 하지만 내가 일을 하기로 선택했기에 주변 사람들을 만족시키는 데 대해서는 마음을 비워야 한다고 스스로를 위로했다.

그보다 더 힘들었던 것은 시간과 잠이 늘 부족한 점이었다. 늘 시간에 쫓기고 조급하게 일을 마무리하는 과정에서 스트레스를 받아

종종 우울해졌다. 이렇게 쫓기듯 사는 내 삶에 회의가 들었던 것이다. 2개의 사과가 아니라 1개를 선택해서 집중했어야 하는 것은 아닌지 갈등하기도 했다.

그러던 중에 6~7년 동안 일하던 어린이집을 그만두고 잠시 쉴 수 있었다. 집에서 실컷 잠도 자고, 하고 싶었던 일도 하고 아이들도 좀 더 돌봐주려고 했는데, 출근하지 않는 내 모습에 내가 어색했다. 집에서 전화를 받으면서 내가 응답한 말은 "여보세요?"가 아니라 "네. ○○ 어린이집입니다"라는 반응이었다. 전화 한 상대방도 어처구니없어 했지만 나도 참 황당했다.

더 당황스러운 것은 5살 둘째 아이가 계속해서 "엄마, 언제 나가?"라고 묻는 것이었다. 아이도 출근하지 않는 엄마가 어색했는지 아니면 낮에 집에서 일일이 참견하는 엄마가 부담스러웠는지 엄마가 다시 출근했으면 좋겠다고 했다. 한편으로는 섭섭했지만 한편으로는 엄마가 없는 생활에 잘 적응했구나, 하는 생각에 안심이 되기도 했다. 결국 3개월도 못 쉬고 다시 일을 하게 되었다.

육아 경험은 문제 해결 능력을 키워준다

가정을 소홀히 하고 싶지 않았기에 나는 가능한 '칼퇴근'을 했다. 그러다 보니 직장에서 나의 역할은 한계가 있었다. 책임져야 하는 가정이나 아이들이 없는 사람들이 직장 일에 좀더 집중할 수 있었고 자신의 에너지와 능력을 최대한 발휘할 수 있기 때문에 그들에 비해서 내 능력이 부족하기 쉬운 상황이었다. 이를 보완하기 위해 대책을 세워야만 했다. 근무 시간을 최대한 활용해서 내게 맡겨진 업무를 처리하고, 그래도 부족한 부분은 집에 가서 아이들을 재운 후에 하는 수밖에 없었다.

그러다 보니 점점 잠자는 시간이 줄어들어 자주 피곤해지고 체력의 한계가 오기도 했다. 그래서 가능한 직장 일을 집으로 가져가지 않으려고 했지만 어쩔 수 없는 경우가 점점 더 많아졌다. 특히 아이들이 어릴 때는 아이들을 돌봐야 하는 일이 많았기 때문에 직장 일에 욕심을 부릴 수 없었다.

하지만 아이들을 돌보고 가정을 운영해야 했던 시간이 직장 일에 반드시 마이너스가 된 것 같지는 않다. 아이들을 양육하고 가정을 운영하는 일은 늘 예측 불허이며 갑작스럽게 해결해야 하는 문제가 많았기에 그것을 해결하기 위해 발휘한 나의 문제 해결 능력과, 아이들과 관련된 다양한 사람들과의 만남과 가정 일로 인해 경험한 다양한 상황이 직장에서 일할 때 유용하게 활용된 경우가 많았다.

그래서 일하는 후배 엄마들에게 이렇게 이야기해주고 싶다. 반드시 직장 일에만 몰입하는 것이 내 능력을 확장시키는 것은 아니라고. 예측 불허인 양육 상황에서 발휘하는 문제 해결 능력이 직무 역량을 창의적으로 발휘하게 도와주므로 아이들을 양육하는 과정에서 자신의 능력도 발전된다는 것을 믿으라고! 사람이 경험하는 모든 것은 곧 자신의 능력으로 발휘될 수 있다는 것을 믿으라고!

하지만 결혼하지 않은 사람들에 비해서 늘 피곤하고 바쁜 것은 어쩔 수 없었다. 특히 아이들이 어릴 때는 밤에 잠을 설치는 경우가 많아서 더 피곤했다. 또한 주말이나 휴일에 집 안 행사가 있을 때는 쉬지 못하고 다시 새로운 한 주를 시작하기 때문에 더욱 체력이 고갈되는 경우가 많았다.

애들아, 너희 일은 너희가 알아서!

일하는 엄마이기 때문에 학교 급식 당번, 학부모 참관수업 등에 전혀 참여할 수 없었다. 엄마가 참석하지 못해서 아이들이 주눅 들거나 손해볼까 봐 걱정이 되기도 하였다. 하지만 아이 스스로 자신의 능력을 발휘할 수 있도록 성장해야 한다는 것이 우리 부부의 신념이었다. 그래서 어떤 상황에서도 잘 적응하고 스스로의 능력을 발휘하여 살아남는 튼튼한 잡초처럼 아이들을 키워야겠다고 생각했다. 그래서 어릴 적부터 알림장을 확인해서 준비물을 스스로 챙기도록 하였고, 숙제를 하기 위해서 어떻게 하면 좋을지 스스로 계획하고 실행하도록 하였다. 종종 숙제를 하지 않거나 준비물을 빠뜨려서 선생님께 꾸중을 듣기도 하였지만 그 모든 것이 아이 자신의 일이며 그 책임은 자신에게 있다는 것을 경험으로 배우는 것이 중요하다고 생각해서 가능한 도와주지 않았다. 숙제를 안 하고 싶다고 하면 그러라고 했다. 그래서 가끔 어떤 담임선생님은 학부모 면담 때 내게 '어머님이 직장에 다니셔서 아이들에게 관심이 없는 것은 알지만 숙제를 했는지는 챙겨야 하는 것 아니냐'며 질책을 하기도 했다. 내가 비난을 받는 것보다 아이들 스스로 자신의 일임을 인식하고 스스로 책임지는 것을 배우는 것이 더 중요하다고 생각했기 때문에 그냥 묵묵히 그런 비난을 감수했다.

그리고 어릴 적부터 어떤 상황에서든지 자신이 원하는 것, 생각하는 것을 당당히 말할 수 있도록 기회를 주고 연습하게 하였다. 식당에서 주문하는 것, 물이나 필요한 물건을 더 요청하는 일 등을 아이들 스스로 하도록 하였다. 엄마가 없는 상황에서도 불안해하지 않고 자신의 생각과 의견을 당당히 말할 수 있어야 한다고 가르쳤다.

우리 집은 언제나 아이들 친구들에게 개방된 동네 사랑방 같은 장소로 활용되었다. 우리 아이들을 돌봐주신 아주머니께 감사한 것은 아이가 친구들을 데리고 집에 오는 것을 귀찮아 하지 않고 간식도 챙겨주고 안전하고 재미있게 놀 수 있도록 잘 감독해주셨다는 것이다. 그래서 동네에서 우리 집은 아이들이 갈 곳이 없을 때 들르는 곳이기도 했고, 아이들 친구 엄마들이 볼일을 볼 때 잠깐 아이를 맡기는 집이기도 했다. 아이 친구들은 주말이나 휴일에도 우리 집에 자주 놀러왔기 때문에 나는 자연스럽게 아이 친구들을 잘 알 수 있었고, 아이들은 친구들과 잘 지낼 수 있었다. 그래서

인지 우리 아이들은 엄마가 직장에 다님에도 불구하고 또래 모임에서 제외되지 않았다.

하지만 우리 아이들만 제외되지 않은 것뿐이고 나는 학부모들 사이에서 제외된 존재였다. 다른 학부모들처럼 학교 일에 참여하지 못하고 학부모 모임에도 나갈 수 없는 형편이다 보니 친밀해질 수 없었기 때문이다. 그래서 우리 아이들에게 나는 정보력 없는 엄마였고, 뭔가를 부탁할 수 있는 엄마가 아니었다. 그 사실을 잘 알기에 아이들은 자기가 할 일을 알아서 처리했다. 큰아이가 고등학교 때 대학 입시를 준비하면서 내게 "다른 아이들은 엄마가 학원을 알아봐주는데 나는 내가 다 하려니까 힘들어! 엄마는 왜 주변에 정보력 있는 사람이 없는 거야?"라고 하소연하기도 했다. 그리고 동생에게 "엄마를 믿으면 안 돼! 네 것은 네가 챙겨야지!"라고 하면서 엄마에게 섭섭한 속내를 보이기도 했다.

방목했는데, 우리가 잘 자란 거지

아이들에게 너희를 키운 이야기를 글로 쓰려고 한다고 하자 두 아이의 반응이 달랐다. 큰아이는 "방목했는데 잘 자랐다고 써 줘"라고 이야기했고 둘째 아이는 "내 의견이랑 상관없이 엄마가 쓰고 싶으면 쓸 거잖아"라고 했다.

아, 내가 이렇게 살았구나. 엄마는 엄마 일을 하고 책임을 지는 것처럼 너희는 너희의 일을 하고 책임져야 하는 것이라고 보여주며 살았구나.

아이들에게 물어보았다. 엄마가 직장에 다녀서 힘들었냐고?

두 아이들은 이렇게 대답했다.

조금 불편한 점도 있었지만, 대체로 좋았다고. 엄마, 아빠가 바쁘게 열심히 사는 모습을 보아서인지 자신들도 열심히 사는 것 같다고. 그리고 자신의 일에 많이 간섭하지 않아서 좋았다고. 종종 다른 엄마들과 다르게 반응해서 섭섭한 적도 있었다고. 그게 무엇이냐는 내 질문에 아이들은 좋은 성적을 받아 오거나 상을 받아 오면 다른 부모들은 엄청 칭찬해주고 선물도 해주는데 우리 엄마, 아빠는 쿨하게 "잘했네!"라는 한마디뿐이었다고. 엄마, 아빠가 "잘해서 참 좋겠다"라고 반응해서 자신의 노력으로 좋은 결과를 얻은 것은 자신이 가장 기뻐해야 하는 일이며 동시에 자신의 실수로 인한 잘못된 결과도 자신의 책임이라는 것을 알게 되었다고.

아이들의 이야기를 듣고 나서 내가 좀 심했나? 하는 생각이 들기도 했다.

큰아이가 한마디를 덧붙였다.

"일하면서 우리 키우느라 힘들다는 거 알아. 일하면서도 항상 아침밥을 차려준 거 고맙게 생각해."

사실 아침마다 나는 아침을 못 먹더라도 아이들은 반드시 밥을 먹였다. 엄마 없이 낮 시간을 보내야 하는 아이들에게 아침밥만큼은 꼭 먹여야 한다고 생각했기 때문이다. 그리고 우리 아이들은 아침에 밥을 먹지 않으면 학교에서 하루 종일 배가 아프고 토할 것 같은 증세를 보였기 때문에 아침을 먹이지 않을 수 없었다.

사람은 누구나 잘 먹고 잘 자야 건강하고 행복하다. 그래서 세끼를 규칙적으로 잘 먹고 밤 10시면 잠드는 규칙적인 생활만큼은 지켜주려고 했다. 그래야 다음날 아이들이 건강하고 행복하게 생활할 수 있고, 그래야 내가 직장에서 일을 편히 할 수 있기 때문이다.

아이들이 가장 즐겁게 기억하는 것은 금요일이나 토요일 밤에 긴장이 풀어진 엄마, 아빠와 식탁에 둘러 앉아 음식을 먹으며 이런 저런 이야기를 나눈 시간이었다. 일부러 그런 시간을 만든 것은 아니었다. 그저 일주일 동안 계획된 시간표대로 열심히 살아왔기에 금요일 밤이면 좀 여유를 부리고 싶어서 무엇인가를 먹기 시작했다. 음식을 먹으면 스트레스도 사라지고 기분도 좋아지면서 가족들이 각자 자신의 이야기를 하곤 했다. 가끔씩 그러던 것이 어느새 우리 가족의 생활 패턴이 되었다. 특히 맛있는 음식을 즐기는 우리 가족은 이 시간을 더 좋아하게 되었다. 엄마인 나로서는 일주일 동안 아이들에게 어떤 일이 있었는지 알게 되는 좋은 시간이었고, 직장인으로서의 내 경험을 아이들과 남편과 나눌 수 있어서 좋은 시간이었다.

그래서 우리 집의 '불금'은 아직도 계속되고 있다.

이 글을 쓰면서 지난 시절을 돌아보고 아이들과 속 깊은 대화를 나누기도 했다. 아이들 이야기를 듣자니 지금까지 대처로 잘살아왔구나, 하는 생각이 들기도 한다. 하지만 돌아보면 2개의 사과를 가지려고 노력하는 과정에서 좌충우돌하면서 좌절도 많았고 부족했던 부분도 많았다. 시간과 에너지 조절이 안 돼서 짜증을 내기도 했고 순간적으로 분노가 폭발하기도 했고 부족한 체력으로 인해 아파서 누워 있는 모습을 많이 보이기도 했다. 특히 엄마가 아파서 누워 있을 때가 가장 싫었다는 아이들 반응에 속상했고 아이들에게 많이 미안했다. 여유 없이 바쁜 엄마를 둔 덕분에 외로운 시간도 많았을 테고, 혼자서 해결하느라 끙끙거린 경우도 많았을 테니까.

그럼에도 불구하고 엄마가 일하는 것을 이해하고 수용해준 아이들이 고맙다. 더구나 엄마가 조금이라도 노력했던 부분을 인정해주는 아이들이 고맙다. 그리고 어느새 커서 이제는 서로를 이해하고 아껴주는 가족의 일원이 된 아이들이 고맙다.

후배들에게 한마디 한다면, 직장과 가정 2개의 사과를 가지는 것도 괜찮은 선택이라고 권해주고 싶다. 내가 아이들을 응원하듯이 아이들도 나를 응원해주는 것이 살아가는 데 많은 힘이 되기 때문이다.

마음으로 키운
아이

한연엽(필명) · 방송작가

한연엽(필명)

20년 넘게 다큐멘터리 구성작가로 일했다. 〈뉴스비젼 동서남북〉, 〈PD수첩〉 등 시사 프로그램을
거쳐 〈요즘 사람들〉, 〈TV미술관〉, 〈문화가 산책〉, 〈우리 시대 명인〉 등 삶과 문화를 다루는 문화.
교양 프로그램을 썼다. 어떻게 사는 것이 아름다운 삶인가에 대한 고민을 시작하면서 마음 문제
를 다루는 선불교에 관심을 갖게 되었다. 최근에는 부처님 오신 날 특집 프로그램을 집필했다.
2007년부터 3년간 해인사에 살면서 월간 〈해인〉 편집장을 역임하였으며 그 후 수행적 삶에 관
심을 갖고 '해인아트프로젝트', '종교 간 평화 대화' 등을 기획했다.
25세에 결혼하여 27살에 예쁜 딸의 엄마가 되었지만 이혼하면서 온전히 딸과 함께하지 못했다.
하지만 딸과 떨어져 지내는 동안 한 번도 내가 엄마라는 사실을 잊은 적이 없다. 13년 만에 헤어
진 딸과 다시 만나 세상에서 가장 좋은 친구로 기쁜 오늘을 살아가고 있다.

잘못된 육아는 없다고 하니

딸아이 보현은 좋은 말벗으로, 편한 술친구로, 때론 보호자로 오늘 내 옆에 있다. 우리가 이렇게 다시 마주하게 된 것은 지난 2006년, 불과 7년 전부터다. 보현의 스물여섯 해 중 내가 품 안에 넣고 키운 시기는 겨우 5년 정도. 여섯 살이 되던 해 가을, 나는 아이를 아빠에게 돌려보냈고 이후 재혼 가정에서 자라게 했으니 나는 어미로서 배 아파 낳았다는 것 외에는 큰소리 칠 게 하나도 없는 사람이다.

그럼에도 육아에 대한 내 얘기를 이렇게 쓸 수 있었던 데는 두 사람의 격려와 지지가 큰 힘이 되었다. 우선 유숙열 선배는 "세상에 잘못된 육아라는 것은 없다"라며 용기를 주었고, 딸 보현은 "일반적인 육아기는 아니지만 요즘 이혼 가정이 늘고 있으니 엄마와 내 이야기가 사람들에게 도움이 될 거라"며 선뜻 글쓰기를 허락해주었다. 우선 그 두 사람에게 고맙다는 말을 전하며 이 글을 시작한다.

　이혼을 전제한 결혼이 이 세상에 있을까? 그러나 25살 나는 그런 무책임한 결혼을 해버렸다. 사춘기 때부터 시작된 엄마와의 갈등으로 당시 나는 심리적으로 가족들과 너무 멀어져 있었다. 집을 떠나고 싶었지만 보수적이고 완고한 엄마가 허락할 리 만무했다. 자연스럽게 집을 떠나는 길은 결혼밖에 없다는 생각을 하게 되었다.

　마침 내 옆에는 7년을 한결같이 맴돌던 남자가 있었다. 내 마음으로는 이미 멀어진 사람이지만 내가 거부할수록 그의 집착은 날로 집요해지기만 했다. 오랜 시간 동안 내가 떠날까 봐 전전긍긍하며 때론 눈물, 때론 폭력으로 집착을 보이는 그를 외면할 만큼 나는 마음이 모질지 못했다.

　더 이상 고민할 수조차 없는 지친 심리 상태에서 결혼을 결정하게 되었다. 어이없게도 이혼을 하더라도 일단은 결혼을 해줘야 될 것 같은 착각에 빠진 것이다.

　지금 생각하면 삶의 자기결정권에 대한 자신감이 전혀 없는 바보 같은 상태에서 내린 결정이었다. 그 결정으로 나뿐만 아니라 내 아이마저 힘들고 불편한 삶을 살게 했으니 지난 어리석음에 대해서는 죽을 때까지 두고두고 참회할 일이라고 생각한다.

　불안정한 마음으로 시작된 결혼생활, 엎친 데 덮친 격으로 남편은 결혼 후 2개월 만에 급성황달로 입원을 하더니 그 후 계속 입퇴원을 반복하며 투병생활을 했고 그 사이에 딸아이가 태어났다. 당시에 나는 대학원에 다니고 있었기에 육아, 간병, 학업을 함께하며 힘든 생활을 해나갔다. 갓난아기는 대부분 시댁에 맡겨진 상태였다. 어느 하나 안정된 것이 없는 불안한 결혼생활의 연속이었다.

그러던 어느 날 남편과 함께 병실을 쓰던 젊은 총각이 간경화로 죽어 나가는 일이 생겼다. 그날 밤 간병인 침대에서 누워 자다가 나는 너무나 무서운 꿈을 꾸었다. 호호할머니가 내 어깨를 타고 앉아 나를 내리누르고 있었고 난 그 할머니를 떼어내려 안간힘을 썼다. 내가 벌떡 일어나자 할머니가 떨어져 나갔다.

그리고 꿈에서 깼다. 칠흑 같은 밤, 사람이 죽어 나가 텅 빈 침대가 제일 먼저 눈에 들어왔다. 남편은 세상모르고 자고 있었다. 무서운 마음에 남편 얼굴에 손을 대보았다. 숨기운이 느껴진다. 아, 일단 안도감. 순간 내가 처한 현실 앞에 비애가 밀려왔다. 그즈음 남편 또한 병이 심해져 간염이 간경화로 가고 있다는 진단을 받은 터였다. 간경화는 나에게 곧 죽음을 연상시켰다. 스물일곱의 나이, 어떤 최악의 상황이 와도 아이와 둘이 어떻게든 살아내는 것이 내게 주어진 현실이라고 생각하자 삶이 너무나 공포스러웠다.

이후 나는 두 가지 목표를 세웠다. 우선은 나의 경제적 자립. 또 하나는 육아 방법이었다. 사별을 하든 이혼을 하든 병든 남편을 둔 아내로 평생을 살아가든 어쨌든 보현은 일하는 엄마 밑에서 자라야 하니 앞으로 혼자 있을 시간이 많아질 것이라는 예상이 모든 계획의 전제였다. 아이를 독립적인 성격으로 만들어 놓을 필요가 있었다.

　지금 생각하면 남편과 사는 여자가 남편 없이 혼자서 아이를 키우는 상황을 미리 설정해 놓고 마치 소방훈련하듯 하루하루 불행에 대비하며 살아간다는 것이 어쩌면 지나친 기우요 블랙 코미디 같다. 그러나 남편과 같은 병을 가진 사람이 바로 내 눈앞에서 죽어 나가는 것을 본 상황에서 간경화는 곧 죽음을 연상시켰고, 나는 극도의 불안감에 시달렸다. 아마도 홀로 딸 셋을 키워낸 친정 엄마의 힘든 삶을 보면서 자랐기에 있지도 않은 불행을 미리 떠올리며 불안감을 극대화시켰는지도 모를 일이다. 어쨌든 내 육아는 그렇게 시작되었다.

불안감에서 출발한 육아 프로젝트

　어린 시절, 엄마와 아빠는 이혼을 했다. 당시 2살, 4살, 6살 된 나와 동생들은 엄마를 따라 외갓집으로 생활 터전을 옮겼다. 유난히 아빠의 사랑을 독차지했던 나는 갑작스런 환경 변화에 적응하지 못했다. 아빠는 더 이상 없고 엄마는 지방에서 근무하는 교사이다 보니 늘 전근이 많아 세심하게 나를 지켜줄 여유가 없었다.

　외로움 속에 내가 찾은 위안처는 외갓집 다락방이었다. 나는 틈만 나면 어두운 다락방으로 올라갔다. 그 속에서 동화책을 읽고 있으면 어느덧 내게 닥친 현실을 잊을 수 있었다.

당시 내게 힘이 된 이야기는 동화책《소공녀》였다. 내 현실과 주인공 세라의 현실을 동일시하며 이야기 속 주인공처럼 인형들과 이야기하며 역할 놀이를 하곤 했다. 그런 가운데 힘든 현실을 버텨낸 것 같다.

보현에게도 어쩌면 그런 놀이가 필요할지 모른다는 생각에서 나는 인형을 부지런히 사다 날랐다. 그리고 동화책을 읽어주며 내 어린 시절에 그랬듯이 인형을 가지고 역할극을 하며 노는 방법을 가르쳐줬다. 결말은 '혼자 있어도 울지 않고 씩씩하게 엄마를 기다리는 용감한 아이'라는 내용으로 마무리 지었다.

그렇게 아이를 키우며 1년 정도 결혼생활을 더 해나갔다. 이때까지만 해도 이혼에 대한 생각은 크게 없었다. 그저 사별에 대한 불안감에 아이와 나의 독립심을 키워가는 과정이었다. 그러나 남편은 아픈 몸을 핑계로 점점 더 이기적으로 변해갔고 나중에는 친정 식구들에게 기본적인 예의조차 갖추지 않는 사람이 되었다. 사위 앞에서도 강한 성격을 보이는 엄마의 태도를 비난하며 남편은 친정 엄마를 서먹하게 대했다. 그 사이에서 맏딸인 나는 이러지도 저러지도 못하는 입장이 되고 말았다.

결혼을 앞두고 친정 동생들을 챙기는 그의 도습을 보며 결혼을 해도 내 빈자리는 남편이 맡아서 챙길 줄 알았다. 나는 맏이로서 친정에 책임감이 컸다. 그러나 결혼 후 엄마에게 한 번 꾸지람을 듣고 나서 마음이 엇나간 남편은 처갓집을 챙기기는커녕 피하기 바쁜 사람이 되었다. 그 핑계는 늘 아픈 몸이었다. 몸이 아프니

다음에 가자, 몸이 아프니 신경 쓰게 하지 마라…. 급기야 장모님이 '너네 엄마'라는 호칭으로 바뀌고, 이를 눈치 챈 엄마는 서운함에 눈물을 흘리며 돌아서곤 했다.

그 와중에 둘째 동생의 결혼이 결정됐다. 친정에 미안함이 많던 나는 동생들 결혼만큼은 남편이 나서서 보란 듯이 내 체면을 세워 줬으면 했다. 그러나 결혼 소식을 듣고도 남편은 모르쇠로 일관했다. 그저 신부를 위해 당일 차량 제공만 하겠다고 나섰다. 한참을 고민 끝에 결혼 준비에 드는 비용을 일부라도 돕자고 제안했다. 남편은 "내 엄마 용돈도 한 달에 고작 10만 원을 드리는데 어떻게 처제 시집간다고 혼수비를 대냐"라고 대꾸했다. 아무 말도 하고 싶지 않았다.

결국 내가 아르바이트로 번 돈 500만 원을 엄마에게 보내며 "애 아빠가 엄마 드리래요"라고 거짓말을 했다. 그렇게라도 해서 엄마의 자존심을 지켜드리고 싶었고 맏딸로서 내 체면도 지키고 싶었다.

결혼식은 우리 집에서 걸어서 5분 거리에 있는 호텔에서 치러졌다. 결혼식 후 친척들을 우리 집으로 초대해서 음식을 대접했다. 남편은 신혼여행 떠나는 동생 내외를 데려다 준다고 공항으로 출발했다.

저녁을 먹고도 한참이 지날 무렵까지 남편은 돌아오지 않았다. 그래도 우리 집 안의 만사위니 친척들은 내 체면을 생각해서라도 인사를 하고 가겠다고 했다. 그러나 밤이 늦도록 그는 오지 않았고, 모두들 사고가 났는가 걱정하며 헤어질 수밖에 없었다.

모두가 떠나자 채 10분이 안 돼서 남편이 들어섰다. 무슨 일인가 걱정스레 물으니 피곤해서 아파트 주차장에 차를 대고 잠이 들었다고 했다. 친정 식구들이 보고 싶지 않았던 것이다.

그의 무례함은 그간 잠재워 두었던 섭섭함을 증폭시켰다. 이대로 살 수는 없었다. 그러나 엄마의 삶을 보며 이혼은 하지 않겠다는 결심을 수도 없이 해왔던 터라 선뜻 헤어지겠다는 마음을 낼 수 없었다. 지푸라기라도 잡는 심정으로 시누님에게 편지를 썼다. 당시 친정 엄마보다 시댁 누님에게 더 많은 정을 주고 있던 상황이라 의지가 될까 싶었다.

눈물을 뚝뚝 흘려가며 결혼생활에서 힘든 점을 써 내려갔다. 9장이나 되는 편지를 읽고 난 시누님의 반응은 이랬다. "넌 팔이 안으로 굽는 줄은 모르나 보구나." 아주 짧고 불쾌한 누님의 어투에 눌려 나는 서둘러 "죄송합니다. 제가 생각이 짧았습니다. 그저 언니라고 생각해서…" 하고는 뒤도 안 돌아보고 그 집을 나왔다. 이혼을 결심한 순간이기도 했다. 단지 아픈 사람을 두고 떠날 수 없으니 빨리 낫기만을 바랄 뿐이었다. 그가 쾌유되면 그날로 집을 떠나기로 했다.

떨어져 있어도 우리는 마음에 보여

나의 이별 준비가 시작됐다. 제일 먼저 육아 담당자를 찾기 시작했다. 도우미와 놀이방이었다. 몇 번의 교체 끝에 아이 아빠가 출근하는 시간에 맞춰 집으로 와서 퇴근해서 돌아올 때까지 아이를 돌봐줄 성실하고 모성이 많은 도우미를 만나게 되었다. 나는 아이의 식성과 노는 방법까지 모두 알려주었다. 놀이방도 서너 군데를 전전하다가 친정 엄마 또래의 나이 든 선생님이 운영하는 곳을 골라 아이를 보냈다. 아이가 도우미와 놀이방에 익숙해질 무렵 나는 일을 조금씩 늘려 나갔다. 그렇게 3~4개월이 지났을까, 내가 만들어 놓은 시스템 속에서 아이도 나도 도우미와 놀이방 선생님도 모두 제 역할을 해내고 있었다.

어느 정도 안심이 되자 나는 일을 핑계로 아이 옆에 있는 시간과 역할을 줄여 나갔다. 보현도 내가 없는 시간에 울지 않고 도우미와 놀이방 선생님이 만들어가는 일상에 익숙해져 가는 듯싶었다.

그때서야 두 분께 솔직한 내 마음을 털어놓았다. '내가 이제 집을 나갈 것이다. 그리고 자립 기반을 만들어 놓고 다시 애를 데려갈 것이다. 내가 없는 동안 아이가 힘들지 않게 도와다오.' 이미 도우미와 놀이방 선생님은 따뜻한 친정 엄마처럼 나를 대하고 있었다. 함께 울면서 그래도 참으라고 나를 다독였다.

마지막 노력으로 남편에게 편지를 썼다. 결혼 전 이야기와 그간의 불만을 담았다. 남편의 첫마디는 '배부르고 등 따뜻하니 쓸데없는 생각을 한다'는 것이었다. 결혼 전에 나를 강제한 것에 대해서는 '그래서 내가 너를 버렸냐? 결혼했고, 굶기지도 않았는데 뭐가 문제인가' 하며 대수롭지 않다는 반응을 보였다. 더 가다가는 또 난리를 치르게 될 것 같은 불안과 그의 무책임한 티도에 절망을 느낀 나는 대화를 포기했다. 그리고 한 달의 시간을 줄 테니 내가 제기한 문제에 대해 생각해보라고 말하고 입을 닫았다.

나는 죽을 날을 받아 놓은 심정으로 한 달 동안 날마다 그가 무슨 이야기를 꺼낼까 기다렸다. 하지만 그는 아무 말이 없었다. 한 달째 되던 날, 퇴근 후 TV를 보는 그에게 생각해봤냐고 물었다. 그는 무슨 뜬금없는 소리냐는 듯 나를 쳐다봤다. 그러고는 "으이구, 아직도 화났어?" 하며 TV로 눈길을 돌렸다. 한 달 전부터 기본적인 대화 외에는 단절한 상태였고, 그 역시 어색한 분위기를 알고 있었음에도 아무 일 없는 듯 대화를 회피하는 무책임한 태도를 보고 그에게 진지함을 기대하는 내가 바보라는 생각이 들었다. 다음 날 도우미에게 아이를 맡기고 홀로서기를 위해 집을 나왔다.

아이와 헤어지는 연습을 이미 마친 상태였다. 보현도 제법 의젓해져 있었다. 그런 자신감이 있었기에 힘들지만 두 살 반 된 어린 딸아이를 도우미 등에 업혀놓고 집을 나설 수 있었다.

집을 나온 후 나는 매일 남편이 없는 시간에 맞춰 집으로 전화를 걸어 아이의 목소리를 듣고 도우미를 통해 상태를 확인했다. 일주일에 한 번씩 정해진 날에 놀이방으로 찾아가 살을 부비고 놀아주고 오기를 반복했다. 직장에서 놀이방까지는 너무나 먼 거리였다. 방송작가의 일과란 피디의 일정에 따라 일하는 시간이 달라지므로 시간을 정해놓고 빼기가 힘들었다. 어쨌든 주어진 상황에서 최선을 다해 아이와 관계를 만들어 나갔다.

그때 우리끼리 "마음에 보여?"라는 말을 자주 했다. 사랑하는 사람들은 헤어져 있어도 늘 마음에 얼굴이 남아 있다고 일러주었더니 아이는 연신 "마음에 보여?"라고 물으며 엄마에게 자신이 있는지를 확인하곤 했다. 보현과 나만이 아는 둘만의 대화, "마음에 보여?"를 통해 떨어져 있어도 함께 살기 위해 노력하는 엄마라는 것을 알게 하고 싶었다.

다시 내 품에 돌아온 아이

아이와 헤어져 있는 동안 열심히 일을 했다. 그 사이 남편은 아이를 앞세워 내 마음을 흔들고자 여러 가지 고약한 방법으로 나를 힘들게 했다. 일에 지쳐 자고 있는데 전화를 걸어 우는 아이의 울음소리를 들려주는 날이면 우느라고 밤을 꼬박 새웠다. 그러고 나면 일주일간은 세상 모든 곳에서 아이 울음소리가 환청으로 들려 정신을 차릴 수가 없었다.

그때 기억 탓인지 지금도 어린 아이의 울음소리만 들으면 가슴이 짜하니 통증이 온다. 그런 과정을 겪으면서도 내 결심이 흔들리지 않자 남편은 화내는 것을 멈추고 부드럽게 변해갔다. 아이와의 만남을 직접 챙겨주기도 했다. 마음을 달래보려는 노력이었지만 나는 행여 다시 붙잡힐 새라 아이가 보고 싶다는 말조차 쉽게 하지 못했다. 그도 내 결심을 아는지 어느 정도 포기하는 눈치였다.

하루는 아이를 데리고 가서 자라고 했다. 집을 나온 지 얼마 안 된 5월이었던 듯싶다. 당시 나는 작은 오피스텔에서 지냈는데 책상 겸 밥상 하나, 스탠드 한 개, 커피포트 한 개가 살림살이의 전부였다. 그리고 제일 싼 전기장판에서 수건을 덮고 잤다. 아이가 먹을 우유 하나 보관할 냉장고도 없으니 데려가는 것이 무리였지만 그저 하룻밤 데리고 잘 수 있다는 말에 덜커덕 아이를 데려오고 말았다. 잠자리가 바뀌어서 그런지 아이는 밤새 오줌을 쌌고 뒤척일 때마다 우유를 찾았다. 젖은 아이 옷을 전기장판에 말리고 벗은 몸을 내 옷으로 감싸며 그날 밤에 결심했다. 내가 제대로 된 집을 구할 때까지 아이를 찾지 말자고.

그 후로는 아이를 찾지 않았다. 남편은 나에게 모질다고 해댔다. 그렇게 1년을 넘기면서 새로운 불안에 싸였다. 아이는 밤마다 엄마를 찾는다고 했고, 나는 생각만큼 돈이 모아지지 않았다. 아이와 살 집을 구하기까지 너무나 많은 시간이 필요할 것 같아 우선 집을 알아보았다. 아이를 키울 만한 집을 구하려면 적어도 6500만 원 정도는 있어야 했다. 그간 방송 일이며 잡지 일이며 닥치는 대로 글품을 팔아 돈을 벌고, 먹지도 입지도 않고 모았지만 반 정도밖에 되지 않았다. 결국 고민 끝에 남편에게 아이와 살고 싶은 마음을 전달하고 도와 달라고 요청했다. 그 무렵 남편도 아이를 혼자 키우며 지쳐가고 있었고 새로운 연애도 시작한 듯 보였다. 남편의 도움으로 아이와 나는 드디어 둘만의 보금자리에서 새로운 생활을 시작하게 되었다.

딸의 나이 4살부터 6살 가을까지 내 마지막 육아가 시작되었다. 나에게는 가장 행복하고 안정된 시간이었다. 당시 나는 도우미에게 아이를 맡기고 직장을 오가며 가장 노릇을 하고 있었지만 힘든 줄을 몰랐다. 아이를 끼고 잠을 잔다는 것만으로도 세상을 다 가진 것 같았다. 작가라는 직업이 경제적으로 넉넉할 리 없으니 모든 면에서 남편만큼 안정되지는 못했지만 그래도 불편하거나 모자람 없이 아이를 키울 자신도 있었다.

아이는 어른들을 통해 세상을 배운다고 했다. 난 그 말을 믿었고 지금도 믿는다. 보현을 다시 데려오면서 내가 제일 먼저 생각한 것은 '내 딸에게 보여줄 세상은 어떤 것인가' 하는 문제였다. 나는 딸에게 세상이 넓고 다양하다는 것과 그 속에서 자유롭게 살 수 있다는 자신감을 심어주고 싶었다. 자신감은 솔직함에서 비롯된다고 본다. 스스로에게 솔직할 때 비로소 세상을 대하는 용기가 나오고 그 용기가 도전과 창의를 만들어 세상 속에서 존재감을 가지고 살아가는 것이라 생각한다. 이는 지난날 내 어리석은 결정을 참회하는 데서 비롯되었기에 너무나 절실하고 간절했다. 또한 딸을 가진 엄마로서의 소망이기도 했다.

아이가 5살이 되면서 유치원을 보내기로 했다. 좋은 유치원을 찾아서 보내는 것은 딸에게 매우 중요한 일이라고 생각했다. 나는 엄마들이 추천하는 좋다는 유치원을 모두 알아보았다. 내가 선택한 유치원은 명동성당 소속 수녀님들이 운영하는 유치원이었다. 마침 일터 가까운 곳에 있었기에 나는 곧바로 유치원을 찾아갔다. 이미 입학 시기를 놓쳤고 정원이 다 차서 받아줄 수 없다고 했다. 나는 그간의 삶에 대해 털어놓고 간곡히 매달렸다. 원장 수녀님은 난감해하시더니 며칠 후 입학을 허락해 주셨다.

다른 엄마들은 12월부터 밤새 줄을 서서 들어간다는 유치원을 2월 중순에 찾아가 내 아이를 받아 달라 떼를 썼으니 참 어이없는 일임에 틀림없다. 하지만 부실한 나를 대신해 육아의 빈구석을 채워줄 곳이 그곳밖에 없다는 간절함이 있었기에 염치 불구하고 매달렸다. 입학이 결정되자 나는 유치원 바로 앞으로 이사부터 했다. 혹시나 아이가 길을 잃을까 싶어 유치원과 집과의 동선을 최소화하고 싶었다.

주변 사람들의 손을 빌려가며 아이를 키우다

활동적인 보현은 집 안에서보다 밖에서 뛰어노는 것을 더 좋아했다. 그만큼 넘어지고 깨지고 다쳐서 들어오는 횟수도 늘어났다. 아이가 다치면 가장 난감해하는 사람은 도우미 아주머니였다. 아이에 대한 내 마음을 알기에 인정 많은 도우미는 하루 종일 애를 따라다니며 같이 뛰고 앉고를 반복하는 듯했다. 아주머니는 심장이 약한 분이었다. 결국 아주머니가 병이 났다.

1년 넘게 같이 지냈으니 이젠 식구 같아 다른 사람을 구하는 것도 쉽지 않았다. 할 수 없이 내 일정을 조정하기로 했다. 일요일 빼고 6일 중 평일 하루는 내가 아이를 보고 토요일은 아주머니가 오전, 오후에는 내 일터로 아이를 데려다 주고 퇴근하는 것으로 육아를 나눠 맡았다. 그러나 평일에 일이 겹치면 어쩔 수 없이 아이를 데리고 일터로 나가는 수밖에 없었다. 친정은 집에서 너무 먼 데다 친정 엄마는 늘 바빴다. 또 지시하고 가르치는 것이 몸에 밴 교사다 보니 매사 일방적이었다. 성격이 강한 엄마가 대화에 길들여진 보현을 돌보는 시간은 두 사람 모두에게 힘들었다.

주변을 둘러봐도 딱히 아이 맡길 곳이 없었다. 애를 데리고 나가는 날은 같이 일하는 동료들에게 미안해서 늘 가시방석이었다. 그래도 어쩔 수 없었다. 그 무렵 KBS 신관 5층 작가실은 아이의 또 다른 집이 되었다. 내 처지를 알기에 동료들도 일이 없을 때면 돌아가며 순번을 정해 아이를 대신 맡아주기도 했다. 그중 몇몇 고마운 후배들은 내가 야근하는 날이면 아이를 데리고 우리 집으로 가서 아이를 씻기고 재우는 엄마 역할도 해주었다. 심 봉사 청이 젖 먹이듯 오늘은 이 사람 내일은 저 사람, 주변 사람들의 손을 빌려가며 아이를 맡기니 아이가 다쳐도 속상한 내색조차 할 수 없었다. 그저 괜찮다고, 오히려 내가 미안하다고, 그런 말을 입에 달고 살았다.

당시 남편은 재결합 의사를 내비치며 여러 가지로 나를 회유했다. 말이 안 통할 때는 내 부실한 현실을 이유로 아이를 데려가겠다고 압박하고 있었다. 책임지지도 못할 아이를 왜 데려가서 고생시키느냐고 비난했다. 하루는 아빠 집에 다녀온 딸애가 내 무릎에 앉더니 소원이 있다고 했다. 아이는 내 턱 밑에서 아주 간절한 표정을 지으며 아빠와 같이 살면 안 되냐고… 소원이라고… 조심스럽게 졸랐다.

나는 많이 당황스러웠다. 내 마음을 정확히 전달해야겠다 싶어 아이가 싫어하는 친구와의 관계를 예로 들어 아이의 바람을 접게 했다. 아빠를 그리는 어린 딸에게 내 입장만 이해시키는 것 같아 슬프고 민망한 표정을 짓자 보현은 "괜찮아. 내가 아빠한테 말해줄게. 엄마에게 소리 지르지 말라고." 하며 오히려 나를 달래줬다.

"너랑 아빠랑은 친하니까 너만 아빠 집에 자주 갔다 와. 엄마가 맛있는 거 해놓고 기다리고 있을게."

아이는 어린 마음에도 더 이상은 안 될 것 같은지 깊은 한숨을 내쉬더니 알았다고 했다. 그날 이후 보현은 단 한 번도 아빠와 살자는 말을 한 적이 없다.

아이가 여섯 살이 되면서 내 삶은 또 한 차례 커다란 변화를 맞았다. 오랜 우울증으로 고생하던 막내 동생이 자살을 했다. 떠나기 한 달 전, 나를 찾아왔다. 집을 떠나고 싶으니 방을 얻어달라고 했다. 마음이 아픈 동생을 보호자 없이 혼자 살게 할 수는 없었다. 그렇다고 우리 집에 와 있으라는 소리도 나오지 않았다. 그 무렵 나 또한 생활에 지쳐 있던 터라 아픈 동생을 돌본다는 것이 겁이 났다. 내 이기심이었다. 그리고 한 달 후 동생이 죽은 것이다. 동생의 죽음은 내 삶 전체를 흔들어 놓았다. 이렇게 될 줄 알았으면 집에 와 있으라고 하던지 오피스텔이라도 얻어줄 걸…. 그때 내가 해

달라는 대로 해줬다면 혹시 병이 나아 잘살고 있지 않을까…. 나는 죄의식을 느끼며 괴로운 나날을 보냈다.

그리고 엄마의 인생이 떠올랐다. 엄마는 성격이 강해서 늘 나와 부딪쳤지만 개인적 삶을 돌아보면 성실과 근면, 절제가 몸에 밴 분이다. 특히 교사로서는 내가 아는 한 이 세상에 그런 선생님이 없을 정도로 최선을 다하신 분이다. 책임감도 강해 아빠와 이혼 후 맨손으로 집을 나와 어린 세 딸에게 한 번도 생활의 어려움을 내비친 적이 없는 분이다.

엄마는 평생을 교사로 사신 분이다. 이혼한 죄로 세 딸에게 도움이 될 것인가 말 것인가를 기준으로 모든 것을 선택했다고 한다. 또 아비 없는 후레자식 소리를 들을까 싶어 자식들을 엄하게 키웠다. 행여 버릇이 나빠질까 우리를 맘껏 안는 기쁨조차 자제했다고 하니 엄마의 삶도 온통 제 맘 같지 않았으리라.

그렇게 사셨건만 큰딸은 이혼해서 고생을 사서 하고, 막내딸은 스스로 목숨을 끊었으니, 도대체 어디부터 뭐가 잘못되어 내가 이 벌을 받나, 한탄이 절로 나올 상황이었을 게다. 엄마는 모든 것이 당신 탓이라고 여기며 삶을 마감하셨다.

엄마와 아빠 중 누구와 사는 것이 아이에게 더 좋을까

그해 여름 SBS가 개국했다. 방송 환경도 급격히 변화되었다. 나는 다큐멘터리를 주로 쓰는 구성작가였다. 쇼, 공기 오락을 중심으로 하는 SBS 편성은 기존 방송국의 시청률을 빼앗아갔다. 그 경쟁 속에서 진지한 프로그램보다는 가볍고 재밌는 내용이 대세를 이루었다. 내가 주로 일하던 KBS는 공영방송이었지만 광고 수입에 많은 부분 의지해야 하니 특집 외에 정규 프로그램은 오락성 높은 것으로 대폭 개편이 되었다. 방송작가에게 개편은 생존권의 재편이기도 했다. 내 경우 다행히 일은 계속되었지만 말초적인 재미보다는 주로 사회 문제와 교양을 강조하는 다큐멘터리 작가다 보니 예전만큼 내가 할 수 있는 프로그램이 많질 않았다.

자연스레 일도 줄고 수입도 줄고, 급기야 생계까지 막막해지기 시작했다. 내가 집에 있는 시간이 많으니 자연 도우미가 오는 날을 줄였다. 말로는 쉬어보겠다고 했지만 실제 이유는 도우미에게 주는 인건비를 조금이나마 줄여야 했기 때문이다. 점점 통장 잔고는 비어 가는데 이렇다 할 대책도 없었다. 그렇다고 글을 쓰며 살다가 허드렛일이라도 한다고 인력시장에 나설 용기는 나지 않았다.

고민 끝에 남편에게 전화를 걸어 내 상황을 이야기하고 아이 양육비와 학비를 보내 달라고 요청했다. 아이의 학비는 한 달에 50만 원, 도우미 인건비는 한 달 120만 원, 이래저래 한 달에 200만 원은 있어야 돌아간다고 사정을 이야기했다. 남편은 알겠다고 하더니 달랑 30만 원을 보냈다. 내가 집에 있으니 도우미 인건비는 필요 없을 테고 아이 학비는 반부담하겠다는 것이다.

죽이 되던 밥이 되던 이 현실은 오로지 내 몫이었다. 정신이 번쩍 들었다. 생계를 위해 원고료도 적고 제작 환경도 열악한 케이블 방송사에서 일을 하기로 했다. 작가로서 그리 좋은 결정은 아니었지만 아이와의 생활이 무너질 수도 있는 판에 내 자존심을 세울 때가 아니라는 생각이 들었다.

다시 바빠진 일상으로 인해 집에 있는 날이면 지쳐서 자는 것이 일이었다. 그날도 내가 아이를 보며 집에 있을 때였다. 나는 야근을 하고 새벽에 들어와 곯아떨어져 자고 있었다. 보현은 엄마가 회사에 가지 않는다는 이유로 아침부터 들떠 있었다. 겨우 일어나 아침을 먹이고 다시 잠에 빠졌다. "엄마, 일어나!" 놀아 달라고 보채는 딸에게 "조금만… 5분만…" 하면서 잠에 취해 정신없는 사이 분명 옆에 있다고 생각했던 아이의 울음소리가 멀리서 들렸다. 정신이 번쩍 들었다.

뛰어나가 보니 아이는 입과 턱에서 피를 철철 흘리며 자지러지듯 울고 있었다. 지나가는 개에게 쫓겨 도망치다 넘어졌다는 것이다. 아이를 들쳐 업고 집으로 들어와 응급처치를 했다. 아이는 피를 흘리며 "엄마 때문이야, 엄마 때문이야…" 소리치며 울었다. 엄마가 아무리 깨워도 안 일어나니 심심해서 밖에 나갔다가 다쳤다는 말이었다. 같이 울었다. 그래, 다 나 때문이다.

이렇게 해도 저렇게 해도 다 나 때문이다. 친정 엄마도 자신의 고통이 나 때문이라고 했고, 남편도 늘 울고 사는 내 눈물 때문에 자기가 더 아프다고 했고, 죽은 동생도 내가 그 순간 붙들지 못해서 죽은 것이고…. 그리고 아이까지 다 나 때문이라고 한다.

병원에 가서 아이의 여린 살을 꿰매고 집으로 돌아오는 길. 그래 맞다, 다 나 때문이다. 노력하면 할수록 풀리기보다는 산 넘어 또 산이 나오는 것 같아 사는 게 숨이 막혔다. 이 세상에 나만 없으면 모두가 편할 듯도 싶었다. 그러나 죽을 용기는 없었다. 아무리 못난 엄마도 죽어 없는 것보다는 살아서 원망이라도 받아주는 것이 보현에게도 더 낫다고 생각했다.

　그래, 더 애쓰지 말자. 마음이 참 편안해졌다. 그렇게 가음을 추스르며 한 달을 보냈다.

　추석이 다가올 무렵, 시장에 가서 아이에게 입힐 고운 한복을 골랐다. 명절마다 시댁에 보냈기에 추석을 자연스레 이별하는 시기로 잡았다. 몇 해 전 아이와 첫 번째 이별을 준비했듯 또다시 이별을 준비하며 오래도록 아이와 함께 놀고 여행도 다니며 많이 웃었다.

　그 과정에서 자문자답을 이어갔다. '과연 내가 아이와 떨어져 살 수 있을까…?' '보현에게는 나와 사는 것과 아빠와 사는 것 중 어느 쪽이 더 좋은가?' 나는 아이와 떨어져 살 자신이 없었지만 아이를 위해서는 나보다 아빠가 더 필요하다는 결론에 이르렀다. '그래, 이러나저러나 한 부모 밑에서 자라는 것은 마찬가지니 돈 걱정이라도 말게 부자 아빠 옆에서 살게 하자.'

　물론 남편이 아이에게 갖는 애정을 믿기에 생긴 마음이기도 했다. 보현을 위해서는 나보다 남편의 환경이 월등하게 더 나았다. 집에 있는 시어머니, 많은 형제들 그리고 안정된 경제력까지.

　아이를 재우고 남편에게 전화를 걸었다. 내 손으로 직접 아이를 보내겠다고 했다. 남편은 조건을 달았다. 보현이 고등학교를 졸업할 때까지는 찾지 말라고. 지쳐 있던 나는 어떤 대항력도 갖고 있지 못했다. 알겠다는 말만 했다.

아이에게는 엄마가 공부를 위해 미국에 가니 나중에 커서 봐야한다고 말했다. 따라간다는 보현에게 어린아이들은 미국에 가지 못한다고 둘러댔다. 아빠 집에서 즐겁게 지내고 있으면 엄마가 꼭다시 돌아와서 같이 살 거라고 했다.

그동안 두 집을 오가며 지낸 터라 아이는 별 어려움 없이 받아들이고 있었다. 울먹이는 나를 보자 오히려 "괜찮아. 아빠하고 있을게. 공부하고 와. 내 친구도 엄마가 미국 가서 이모하고 살아."라며나를 다독여줬다. 아이는 추석 차례에 가는 모습으로 내 곁에서 떠났다.

13년 만의 재회, 내 생애 가장 아름다운 날

2006년 12월 26일, 광화문의 한 카페로 가는 길. 13년 만에 딸아이를 만나는 날이다. 약속 장소로 가는 도중 몇 번을 멈춰 서서 손등을 깨물었다. 시큰거리는 눈가를 진정시키기 위해서였다. '나무관세음보살'을 외며 절대 울지 않게 해달라고 빌었다. 다시 보는 엄마 얼굴에서 슬픔을 느끼게 하고 싶지 않았다. 이혼을 선택하고, 혼자 키워보겠다고 데려온 딸아이를 결국 키우지 못하고 아빠에게 되돌려 보내야 했던 상황에 대해, 현실적으로는 최선의 선택이었다고 생각하고 있었기 때문이다. 그래서 가능한 담담하게 그리고 편안하게 내 모습이 비춰지기를 바랐다.

카페 문을 열고 들어서는 순간 내 눈은 실내를 한 바퀴 돌아 벽쪽에 앉은 작은 소녀에게서 멈췄다. '아! 보현이구나.' 먼저 와 있던 딸애는 벌써부터 내게 시선을 고정시키고 있었나 보다. 아이는 어색하지만 그래도 웃고 있었다. '아! 다행이다….' 아이의 표정을 보니 적어도 오늘만은 드라마에서 보듯 분노와 원망으로 나를 대하지 않을 것이라는 생각이 들었다. 그러자 긴장이 사르르 녹아내렸다.

내 입에서는 저절로 "미안하다… 그리고 고맙다…"라는 말이 흘러나왔다.

아이가 물었다.

"재혼하셨다면서요?"

"아니, 결혼한 적 없는데…?"

"아….."

아이는 순간 당황하면서도 얼굴 한쪽에 남아 있던 긴장을 마저 내려놓는 듯 보였다. 아마도 남편이 아이를 키우견서 엄마 그리는 마음을 내려놓게 하기 위해 그렇게 둘러댄 모양이었다.

우리는 한적한 레스토랑에서 함께 점심을 먹고 해가 질 때까지 손을 잡고 거리를 걸었다. 내 생애 최고의 날, 아이를 다시 내 옆에 둘 수 있다니, 정말 행복했다.

딸애는 짧지만 정확하게 좋고 싫은 자신의 감정을 표현했다. 그리고 고통스러울 법한 지난 상황조차 거리낌 없이 있는 그대로 들려줬다. 아빠의 집착으로 인한 불편함이 있지만 촌스런 애정 표현이니 그 또한 사랑이라 받아들이고 있다는 것, 새엄마는 말이 없지만 어쨌든 생활적인 면에서 자신에게 최선을 다했다는 것, 그리고 여자로서 연민을 갖고 있다는 것까지.

객관화된 눈으로 어른들의 세상을 보고 있는 아이를 보며 '다 컸구나' 하는 안도감이 들었다. 친구 같은 딸, 13년 만에 다시 보는 딸애의 모습이었다.

그날 헤어지면서 아이는 내게 말했다.

"엄마, 앞으로는 울지 말아요. 내게는 엄마지만, 엄마는 여자고 또 인간이니 한 사람으로 생각하면 모두가 있을 수 있는 일이었다고 생각해요. 힘들 때도 있었지만 그래도 내가 이렇게 잘 자랐잖아요."

난 그날 이 세상에서 가장 큰 감사와 행복을 선물 받았다.

딸아이 보현은 여자로서 분명 나보다 훨씬 더 나은 삶을 살아낼 것이라 확신하며 감사와 함께 오늘을 산다.